OTTO PRESTEL
DAS NEUE, WIRKLICHE UND WAHRE WELTBILD DER NATUR
TEIL V

© 2014 Otto Prestel, Lösung der Geheimnisse des Lebens

Das neue, wirkliche und wahre Weltbild der Natur

TEIL V: Lösung der Geheimnisse des Lebens

von

OTTO PRESTEL

Otto Prestel
www.ottoprestel.com

Prestel, Otto
Das neue, wirkliche und wahre Weltbild der Natur
TEIL V: Lösung der Geheimnisse des Lebens
ISBN: 978-1505807721

© 2014, OTTO PRESTEL, München
Das Werk ist einschließlich aller seiner Teile urheberrechtlich geschützt. Jede Verwertung außerhalb der engen Grenzen des Urheberrechtsgesetzes ist ohne Zustimmung des Verlages unzulässig und strafbar. Dies gilt insbesondere für Vervielfältigungen auf fotomechanischem Wege, Fotokopie, Mikrokopie, Übersetzungen, Mikroverfilmungen und die Einspeicherung und Verarbeitung in elektronischen Systemen.
Printed by CreateSpace, An Amazon.com Company
ISBN: 978-1505807721

Inhaltsverzeichnis

Einleitung 7
5.1 Rätsel des Lebens und deren Lösungen 13
    Evolution des Lebens 14
    Rätsel der Gestalt und Funktion 19
    Rätsel der Energie und Information im Lebensprozess 22
    Lebensentstehung aus Zufall oder Notwendigkeit? 32
5.2 Die elementaren Organismen der Welt 35
    PRESTELON-Organismen als autopoietische Systeme 37
    Vergangenheit, Gegenwart und Zukunft im PRESTELON-Organismus 38
    Gedächtnis und Intention im PRESTELON-Organismus 40
5.3 Empfindung und Wahrnehmung im PRESTELON-Organismus 45
    Repräsentation kontra ›Empfinden des körperlichen Wirkens‹ 47
    PRESTELON-Organismus und Wahrscheinlichkeit 48
    Subjektivität der Veränderungsprozesse 50
5.4 Erfahrung im PRESTELON-Organismus 53
    Erfahrung und Datum 54
    Erfahrung und Entscheidung 55
    Der Kommunikationsprozess 59
5.5 Bewusstsein im PRESTELON-Organismus 63
    Das PRESTELON-Bewusstsein 66
    Neuro-philosophische Erkenntnisse und PRESTELON-Bewusstsein 72
    Das kosmische Bewusstsein 75
    Kosmisches Bewusstsein und Planetenwellen 81
Epilog 83
Endnoten zum TEIL V 91

Einleitung

Schon im ersten Jahrhundert v. Chr. hat sich der römische Dichter, Philosoph und Epikurer Lukrez über die Lage des Menschen in einem Universum ohne den Einfluss der Götter Gedanken gemacht. In seinem großen Lehrgedicht *Über die Natur der Dinge* (lat. *De Rerum Natura*) stellt er die Naturphilosophie Epikurs dar, die dem Menschen Gemütsruhe und Gelassenheit geben und ihm die Furcht vor dem Tode und den Göttern nehmen soll. Es ist geprägt von der materialistischen Atomlehre der griechischen Antike und geht davon aus, dass die Götter weder in der Lage noch willens sind, sich in das Leben der Menschen einzumischen. Dabei ist auch die Entstehung des Lebens aus dem Nichts ein Thema.

Lukrez sieht das so: Wenn es nämlich Entstehen aus Nichts gäbe, „so könnte aus allem alles hervorgehen und es würde kein Samen benötigt. Menschen entstünden vorerst aus dem Meere, die schuppigen Fische aber aus trockenem Lande, die Vögel entflögen dem Himmel. Großvieh und Kleinvieh und jegliche Raubtiere hausten in Gärten, so auch in Einöden, rätselhaft bliebe ihr Ursprung. Auf Bäumen wüchsen auch niemals die gleichen Fruchtsorten, nein, die Erträge wechselten, Bäume könnten beliebige Obstarten tragen. ..."

Da sich das Leben so aber nicht abspielt, kommt Lukrez zu dem Schluss, dass es unmöglich sei, irgendwelche lebenden Wesen ohne »Samen« zu gebären. Die Lösung der Rätsel des Lebens liegt also darin, zu erkennen, was Samen ist. Das hat Lukrez damals schon klar gesehen.

Betrachtet man die materielle Entwicklung von Samen, so stellt man fest, dass Energie im Spiel sein muss, aber mit dieser alleine kein Leben entstehen kann. Damit kann er zwar keimen, d.h. Wirkung entfalten, aber mit Wirkung alleine kann auch kein Leben entstehen. Es kann zwar Ordnung geschaffen werden, aber auch Chaos.

Zur Lebensentstehung ist also noch etwas anderes erforderlich, etwas, das keine Materie ist, aber erhalten bleibt, damit aus einem bestimmten Samen immer wieder die gleiche bestimmte Frucht hervorgehen und aus dem Energie erzeugt werden kann.

Das kann, wie bereits im PRESTELON-Prozess bekannt, nur Information sein! Nicht jedoch die rudimentäre Unbestimmtheit, wie sie die heutige Informationstheorie kennt, sondern die vollständige Information aller vier Veränderungsprozesse der Äquivalenz, Variation, Erhaltung und Selektion (s. Kap. 3.4 *Veränderunsprozesse der Information*). Nur diese vollständige Information kann aus Ordnung oder Unordnung hervorgehen und den Lebenszyklus so komplettieren, dass nichts aus dem Nichts entstehen braucht. Die Samen des Universums sind somit die PRESTELON-Organismen. In ihnen ist alles enthalten, was die Lösung der Rätsel des Lebens ausmacht. Sie werden in den nachfolgenden fünf Kapiteln beschrieben.

Zu allen Rätseln, die in diesen fünf Kapiteln stecken, kann bis heute weder die Geistes- noch die Naturwissenschaft Lösungen anbieten, die wirklich und wahr sind. Auf die Glaubenssätze der Physik kann sich in Bezug auf Leben niemand stützen, da sie lediglich eine Wissenschaft von den toten Körpern ist! Keines ihrer elementaren Teilchen lebt, d.h. keines kann sich von selbst ohne äußere Krafteinwirkung bewegen, geschweige dass es Geist bzw. Bewusstsein hätte.

Der Philosoph Thomas Nagel ist überzeugt, dass Materie über geistige Eigenschaften verfügt. Er ist der Auffassung „dass der Geist nicht nur ein nachträglicher Einfall oder ein Zufall oder eine Zusatzausstattung ist, sondern ein grundlegender Aspekt der Natur." Auch sieht er es als sehr schwierig, wenn nicht sogar unmöglich an, etwas so Ganzheitliches wie das Bewusstsein als Ergebnis des Zusammenspiels „protomentaler Teilchen" zu erklären.[1]

Daher weiß derzeit auch niemand, wie aus leb- und bewusstloser Materie organisches Leben entstehen könnte, auch wenn man sie beliebig zu Atomen und Molekülen zusammen kombinieren kann und sie physikalischen Gesetzen gehorchen. Selbst die für Bewegung extra erfundenen Impulse und Kräfte sind leblos. Sie können sich erst als Bewegungsgrößen auswirken, wenn schon etwas da ist, das Geschwindigkeit oder Beschleunigung besitzt, also ein Circulus vitiosus (s. Kap. 1.1 Abschnitt *Masse und Kraft als semantische Probleme*).
Die Biologie müsste eigentlich wissen, was Leben ist, wie es entsteht bzw. woher es kommt. Sie hat sich »organisches Leben« sogar als Grundbegriff für ihre Lehre ausgewählt. Aber auch ihre Wissenschaft beginnt erst mit bereits lebenden organischen Systemen, den Zellen. Die Biologie hat nicht die geringste Ahnung wie und woher diese Zellen, die letztlich wieder nur aus Ketten und Ringen von leblosen Atomen und Molekülen zusammengesetzt sind, ihre körperliche Gestalt, seelische Funktion und geistige Kreativität bekommen.

Es ist daher auch nicht verwunderlich, dass man erst recht keine Möglichkeit sieht, wie man auf naturwissenschaftlicher Grundlage solche Lebenseigenschaften wie Gedächtnis, Empfindung, Wahrnehmung, Erfahrung und Bewusstsein beschreiben könnte. Kein einziges Elementarteilchen, kein Atom und kein Molekül kann nach naturwissenschaftlichem Glauben selbst Gedächtnis, Empfindung, Wahrnehmung, Erfahrung und Bewusstsein haben. Man weigert sich deshalb, anzuerkennen, dass die Erklärung der Ursprünge von Leben überhaupt zur Aufgabe der Naturwissenschaft gehört!

Das ist verständlich, denn es ist tatsächlich unmöglich, diese Rätsel auf der Grundlage von Materie, die letztlich nur aus ausdehnungslosen Punktteilchen bestehen soll, zu lösen? Dazu müssten ja die Punktteilchen selber schon Leben in den Formen von Gedächtnis, Empfindung, Wahrnehmung, Erfahrung und Bewusstsein in sich tragen. Auf diese für Naturwissenschaftler unsinnige Vorstellung hat schon der Philosoph Diderot hingewiesen, in dem er den berühmten Mathematiker d'Alembert einen imaginären Traum träumen ließ.

Diesen Traum schildern I. Prigogine und I. Stengers in ihrem Buch *Dialog mit der Natur*: „D'Alembert träumte: »>Ein lebender Punkt ... Nein, ich täusche mich. Zuerst nichts. Dann ein lebender Punkt ... An diesen lebenden Punkt legt sich ein anderer an, dann noch einer, und durch diese aufeinanderfolgenden Anlagerungen entsteht ein Wesen, das *eines* ist, denn ich bin doch *eines*, daran kann ich nicht zweifeln ...< Während er dies sagte, betastete er sich überall. >Aber wie ist diese Einheit entstanden?< ... >Hören Sie, Philosoph. Ich sehe wohl ein Aggregat, ein Gewebe von empfindlichen kleinen Dingen ... Aber ein Lebewesen! ... Ein Ganzes, ein System, das eines ist, ein Selbst, welches das Bewußtsein seiner Einheit hat! Das sehe ich nicht, nein, das nicht ... <«

In einem imaginären Gespräch mit d'Alembert tritt nun Diderot selbst auf und weist auf die Unzulänglichkeit der mechanistischen Erklärung hin: »Sehen Sie das Ei hier? Damit kann man alle theologischen Schulen und alle Gotteshäuser auf der Erde aus den Angeln heben. Was ist dieses Ei, ehe der Keim hineingebracht wird: Eine empfindungslose Masse ... Wie aber kommt diese Masse zu einem anderen Bau, zu Empfindungsvermögen, zu Leben? Durch die Wärme. Wodurch wird die Wärme erzeugt? Durch die Bewegung. Was sind die aufeinanderfolgenden Wirkungen der Bewegung? Antworten Sie mir nicht, sondern nehmen Sie Platz. Wir wollen sie genau beobachten, von Moment zu Moment. Da ist zuerst ein schwingender Punkt, dann ein Gewebe, das sich ausdehnt und färbt; ferner Fleisch, das sich bildet. Ein Schnabel, Flügelansätze, Augen, Pfoten erscheinen; eine gelbliche Masse wird ausgeschieden und erzeugt Eingeweide. Jetzt ist es ein Tier ... Es schlüpft aus, es geht, es fliegt, es regt sich auf, es läuft davon, es kommt wieder näher, es klagt, es leidet, es liebt, es begehrt, es genießt. Es hat alle Ihre Affekte. Alle Ihre Tätigkeiten übt es aus. Wollen Sie jetzt mit Descartes noch behaupten, es sei eine bloße Maschine für Nachahmungen? Dann werden die Kinder Sie auslachen und die Philosophen Ihnen erwidern: Wenn dies eine Maschine sei, so seien Sie auch eine. Geben Sie jedoch zu, daß zwischen dem Tier und Ihnen ein Unterschied nur im organischen Bau besteht, so zeigen Sie Verstand und Vernunft, sind also auf dem richtigen Weg. Daraus muß man jedoch, im Gegensatz zu Ihnen, schlußfolgern, daß sich aus einer inaktiven Materie, die von Wärme und Bewegung durchdrungen wird, alles gewinnen läßt: Empfindungsvermögen, Leben, Gedächtnis, Bewußtsein, Leidenschaften, Denken ... Hören Sie Ihre eigenen Worte und Sie werden sich selbst bedauern; Sie werden einsehen, daß Sie auf den gesunden Menschenverstand deshalb verzichten, weil Sie eine einfache Voraussetzung, die alles erklärt, nämlich das Empfindungsvermögen als allgemeine Eigentümlichkeit der Materie oder als Produkt des organischen Baus, nicht anerkennen wollen. Und so stürzen Sie in einen Abgrund von Geheimnissen, Widersprüchen und Absurdität.«"[2]

Es ist beachtlich, dass Diderot schon zur damaligen Zeit erkannt hatte, dass Wärme Bewegung ist! Insofern muss auch, neben der Masse, die Temperatur für alles Lebendige einen wesentlichen Einfluss haben. Und das gewiss nicht als bloßer Parameter, sondern als universal wirksames Geschwindigkeitspotenzial (s. Kap. 3.3 *Das gravitative Geschwindigkeitspotenzial als Temperaturfunktion*). Beide, die gravitative Masse- und die gravitative Temperaturfunktion, spielen zusammen mit ihren Antifunktionen und den elektromagnetischen

Zustandfunktionen die grundlegende Rolle bei der Lösung der Rätsel des Lebens (s. Kap. 3.3 *Die Gravitationsprozesse* und *Die elektromagnetischen Prozesse*).

Aber zu dieser Erkenntnis ist man heute allgemein noch lange nicht vorgedrungen, weder in den Natur-, noch in den Geisteswissenschaften. Der Erdwissenschaftler Robert Hazen berichtet von einem Kongress zum Thema *Was ist Leben?*, an dem einige hundert Naturwissenschaftler mit Philosophen und Theologen teilnahmen.

Hazen: „Die Anschauungen prallten aufeinander. Die hitzigsten Dispute lieferten sich allerdings die Naturwissenschaftler selbst. Ein ehrwürdiger Lipidforscher setzte auseinander, Leben habe mit der ersten semipermeablen Lipidmembran begonnen. Eine ebenbürtige Autorität der Stoffwechselforschung konterte, es habe mit dem ersten Stoffwechselzyklus angefangen, der sich selbst in Gang hielt. Wieder eine völlig andere Auffassung vertraten einige Molekularbiologen. Ihres Erachtens stellte ein RNA-ähnliches genetisches System die erste Lebensform dar, das biologische Information trug und verdoppelte. Vergleichsweise wenige Anhänger fand ein Mineraloge mit seinem Vorschlag, sich selbst replizierender Mineralien hätten den Anfang gemacht.
Diese Debatte kochte weiter. Sie erinnerte an die Geschichte von den Blinden, die einen Elefanten beschreiben sollen. Weil jeder einen anderen Körperteil zu fassen bekommt, entwerfen die Männer völlig verschiedene Tiere. Keines der Bilder trifft zu, weil keines den ganzen Elefanten zeichnet. Dennoch enthält jede Beschreibung etwas Richtiges. Vielleicht ist es bei unserem Thema ähnlich. Vielleicht behandelt jede Theorie zum Wesen des Lebens einen anderen Ausschnitt einer viel komplexeren Wahrheit."[3]

Mittlerweile gibt es mehr als fünfzig Definitionen zum Begriff Leben. Keine zwei der vielen Definitionen gleichen sich völlig, aber alle beziehen sich nur auf das irdische Leben in unserer Biosphäre. Da verwundert es nicht, dass auch die Astronomen hier ein Wörtchen mitreden wollen, sind sie sich doch sicher, dass es im Kosmos von Leben nur so wimmelt. Und weil das noch niemand beweisen konnte, haben sie die neue Disziplin der Astrobiologie gegründet. „Die einzige Wissenschaft ohne Gegenstand, nannte ein Schelm dieses Forschungsfeld."[4]

Vielleicht ist aber gerade dieses Forschungsfeld am nächsten an der Wirklichkeit und Wahrheit dran? Sollte es den Astrobiologen nämlich gelingen, ein außerirdisches Leben aufzuspüren, wäre der Beweis erbracht, dass Leben ein universales Phänomen ist. Dann müsste Leben bereits in den Elementarprozessen stecken und damit auch in den physikalischen Gleichungen vorkommen. Aber man hat nicht die geringste Ahnung, wie außerirdisches Leben fassbar sein könnte. Also bezieht man sich wieder auf das irdische Leben und schlägt vor, dass Leben ein sich selbst erhaltendes chemisches System sein soll, das eine darwinsche Evolution erfahren kann.

Genau da knüpft T. Nagel in seinem Buch Geist und Kosmos an und legt dar, dass der evolutionäre Materialismus unfähig ist, Bewusstsein, Vernunft und Wertvorstellungen auf physikalische oder chemische Prozesse zu reduzieren. Deshalb, so Nagel, scheitert der evolutionäre Materialismus daran, den Geist in all seinen Ausdrucksformen in die neodarwinistische Naturkonzeption einzubeziehen. Er ist deshalb der Meinung, dass die materialistische und neodarwinistische Konzeption der Natur so gut wie sicher falsch ist (Buchuntertitel).

Meine induktive Botschaft zu Lösung der Rätsel des Lebens kreiert auch ein sich selbst erhaltendes organisches System. Das ist jedoch nicht chemischer Natur, sondern beruht auf rein geistiger Grundlage mit mathematisch-physikalischen Gesetzen. Diese gehen aus einer einzigen Weltformel hervor und sind unbestreitbar universal, wirklich und wahr (s. Kap. 3.3 *Die Weltformel*).

Es bedingt, dass Leben nur aus Geist hervorgehen kann. Das meint im PRESTELON-Organismus aus Bewusstsein, weil nur dieses Geistesprodukt eine materielle Form annehmen kann (s. Kap. 5.5 *Das PRESTELON-Bewusstsein*). Damit wäre Materie eine bestimmte Form des Geistes, was auch tatsächlich der Fall ist. Denn der Materiebegriff wurde von der europäischen Philosophie erfunden, aus der die neuzeitliche Naturwissenschaft hervorging. Und diese hat, spätestens seit A. Einstein, einen Zusammenhang zwischen Materie auf der einen und Raumzeit – eine rein geistige, weil geometrische Errungenschaft, die von Einstein erfunden wurde – auf der anderen Seite hergestellt. Dieser Zusammenhang ist nicht symmetrisch, denn Raumzeit kann Materie entstehen lassen, Materie jedoch nicht Raumzeit.

Auch im universalen Kreationsgesetz (3.2.3a) kommt das so zum Ausdruck: $K \Leftrightarrow S(G)$. Was bedeutet, dass der Körper K in einem zyklischen Prozess aus der Seele S in Abhängigkeit des Geistes G entsteht, d.h. die Seele wird als Funktion des Geistes aufgefasst. Um den Zyklus zu schließen, muss der Körper dann wieder auf den Geist zurückwirken. Aber der Kreationszyklus kann immer nur iterativ-rekursiv in diese Richtung laufen, nie umgekehrt (s. Kap. 3.2 *Das universale Kreationsgesetz*, Abb. 3.2.10).

Deshalb führt es zu unlösbaren semantischen Problemen, wenn man Materie nur als feste Körper bzw. Teilchen betrachtet (s. Kap. 2.2 *Die Rätsel der Materie*). In Wirklichkeit ist Materie ein immaterielles Geistesprodukt, das auch Strahlung mit einschließt (s. Kap. 4.2 *Lösung der Materierätsel*).

5.1 Rätsel des Lebens und deren Lösungen

Ein lebendes und selbstbewusstes Ganzes, ein lebendiger Organismus, der *eine Einheit* ist, kann derzeit weder mit naturwissenschaftlichen bzw. biologischen Theorien beschrieben werden, noch mit Hilfe philosophischer Lebensbegriffe.

Eine naturwissenschaftliche, d.h. quantitative Definition des Lebens, die auf so unterschiedliche Phänomene wie Bakterien und Menschen zutreffen müsste, hält man für wenig zweckmäßig, und die philosophischen Erklärungen kommen über eine Auflistung der Phänomene unter ontologischen Gesichtspunkten nicht hinaus. Andererseits ist eine quantitative Beschreibung, die notwendige Bedingungen für die Verwendung des Begriffs »Leben« festlegt und damit den Anschluss an die universalen Gesetze der Naturwissenschaft herstellt, unerlässlich.

Die *Enzyklopädie Philosophie und Wissenschaftstheorie* wagt hierzu folgenden Versuch: „Unter dem Gesichtspunkt, daß sich lebende Systeme (dieser Begriff hat sich an Stelle des älteren Organismusbegriffs eingebürgert) in der Evolution aus anorganischen Strukturen herausgebildet haben, lassen sich (auf der Basis der Zelle als Grundstruktur lebender Systeme) drei notwendige Explikationsmerkmale angeben:

(a) der Metabolismus als Stoffwechsel mit der Umgebung (insbesondere Umsatz freier Energie),
(b) die Fähigkeit zur Selbstreproduktion zwecks Erhaltung des lebenden Systems,
(c) die mit der Selbstreproduktion verbundene Mutagenität (Mutation) als Vorbedingung evolutionärer Entwicklung.

Eine genaue definitorische Abgrenzung vom Belebten zum Unbelebten, etwa zu den Viren, die die drei genannten Merkmale (ohne zelluläre Struktur) besitzen, ist kaum oder nur ad hoc möglich und für die Forschung auch nicht zweckmäßig".[5]

Unter diesen Voraussetzungen haben heute Biologie und Chemie für alles Lebende die dominierende Zuständigkeit übernommen. Die Folge davon ist, dass die veraltete Auffassung vom Leben als rein mechanisch erklärbarer Prozess abgeschafft wurde und der Cartesische Dualismus von Materie und Geist seine überragende Bedeutung verloren hat. Somit wird Leben überwiegend als Summe von gesteuerten chemischen Reaktionen angesehen und die räumliche Anordnung dieser Prozesse stellt in den Zellen ein wesentliches zusätzliches Organisationsprinzip dar.

Biowissenschaftliche Begriffsbildungen und Beschreibungskriterien werden dabei auf molekulare, intrazelluläre, organische und ökologische Sachverhalte bezogen und durch philosophisch-anthropologische Kategorien z.B. des kom-

munikativen Handelns und der vitalen Selbsterfahrung (Fühlen, Wollen, Erinnern), also durch eine nicht-empirische Theorie der Lebensformen, ergänzt.
Diese lässt auch Raum für das Rätsel der Kreation von Leben durch eine höhere Intelligenz (Schöpfungsmythos), zu dem sich auch das Rätsel des Todes gesellt, d.h. das Verschwinden des Leibes, existenzphilosophisch von M. Heidegger in der griffigen Formel Dasein als »*Sein zum Tode*« ausgedrückt. Komplementär dazu ergibt sich zwangsweise auch das Rätsel des »ewigen« Lebens, d.h. die Unsterblichkeit entweder der individuellen oder der kollektiven Seele. Insofern hat das sog. Leib-Seele-Problem sein Rätsel doch noch bewahrt.
Als Alternative hat die Wissenschaft eine Lösung für die Entstehung des Lebens anzubieten mit der die höhere Intelligenz durch den Zufall ersetzt wird. Diese Lösung heißt Evolution. Sie beruht – zumindest was die Lebensprozesse auf unserer Erde anbelangt – auf Charles Robert Darwins Erkenntnissen über *„Die Entstehung der Arten durch natürliche Zuchtwahl"*, die heute allgemein Evolutionslehre bzw. natürliche Selektion genannt wird.

Evolution des Lebens

Gemäß Darwins Evolutionslehre soll sich das Lebendige mit den dualen Funktionen Mutation und Selektion entwickeln und weiterentwickeln. Nach der Auffassung von Prigogine und Stengers verschleiert dieser Dualismus aber lediglich unsere Unwissenheit, weil wir derzeit tatsächlich nichts über die Beziehung zwischen dem Lebewesen und dem genetischen »Text«, den die Mutationen verändern sollen, wissen. Sie meinen auch, dass wir im Übrigen ohne eine Theorie der Organisation nicht auskommen, wenn wir es nicht mit bloß verbalen Metaphern des »Organisators« und genetischer »Programme« bewenden lassen wollen.
Weil die Kohärenz des wesentlich zufälligen Verhaltens der Population der biologischen Moleküle nicht aus der Regelungsaktivität der Enzyme abgeleitet werden kann, entsteht das Problem des Übergangs von einer Beschreibung der molekularen Aktivität zur supramolekularen Ordnung der Zelle.[6]

Wie sich alleine aus Biosubstanzen jedoch anpassungsfähige Lebensformen bzw. die Ausbildung von kommunizierenden Zellverbänden durch den Zusammenschluss und die Arbeitsteilung von Zellen oder die Gene und Chromosome ergeben haben sollen, ist für alle, die vom PRESTELON-Organismus noch keine Kenntnis haben, nach wie vor ein Rätsel geblieben.
Das ist erstaunlich, wo doch bereits am 26. Juni 2000 von Bill Clinton im Weißen Haus verkündet wurde, dass das menschliche Erbgut, das „Buch des Lebens" entziffert sei. Kurz danach, am 12. Februar 2001, prognostizierte Craig Venter, der mit seinem Unternehmen Celera Genomics die Entschlüsselung des Humangenoms maßgeblich vorangetrieben hatte, das „Ende des Unwissens". Er meinte damit, dass uns nun eine Zukunft ohne Krankheit bevorsteht, weil man ja jetzt genau weiß, wie der Mensch funktioniert und was ihn von anderen Lebewesen unterscheidet.

Am 12./13.2.2011 schrieb Katrin Blawat in der Süddeutschen Zeitung: „Was für ein grandioser Irrtum. Schon formal war das, worüber die Wissenschaft 2001 jubelte, keineswegs die vollständige Sequenz eines menschlichen Erbguts. Vielmehr bestand die erste veröffentlichte Arbeitsversion aus den Daten mehrerer Menschen, die zu einem Referenz-Genom zusammengefügt wurden. Dieses enthielt noch so viele Lücken und Fehler, dass Wissenschaftler sich 2003 erneut berechtigt sahen, die Veröffentlichung der – nun aber wirklich – kompletten Version des Humangenoms zu feiern. Vollständigkeit, das zeigte sich, ist in der Genetik eine Frage der Definition. Manche Erbgutabschnitte fehlen bis heute in den Datenbanken.

Von solchen Kleinigkeiten abgesehen, ist der Mensch auch mit Kenntnis noch so vieler Gene kein gläsernes Wesen. Da hilft es auch nicht, die Reihenfolge der meisten jener 3,2 Milliarden Basenpaare zu kennen, die das Erbgut bilden. Im Gegenteil: Gewissheiten von einst haben sich in den vergangenen zehn Jahren in Ratlosigkeit aufgelöst. Zum Beispiel ist heute die Definition des Begriffs »Gen« schwammiger denn je. Auf naheliegende Fragen weiß man noch immer keine gesicherte Antwort. Nach wie vor sehen sich Mediziner mit einer Reihe von Leiden konfrontiert, die sie weder erklären noch heilen können."[7]

Auch derzeit noch – im August 2014 – beteuern die Genetiker, dass wir dank der Entschlüsselung des menschlichen Genoms kurz vor einer Revolution in der Medizin stehen. Aber man weiß noch nicht einmal genau wie viele Gene der Mensch überhaupt besitzt.

Blawat: „Bis zu 140.000 Gene wollte man zeitweise dem Homo sapiens zuschreiben. Zurzeit pendelt sich die Zahl irgendwo zwischen 20.000 und 22.000 ein. Weiterhin ist auch die Funktion großer Teile des Erbguts unklar. Dass Gene die Bausteine für Proteine liefern ist zwar eine hübsche, aber nicht sehr hilfreiche Vorstellung. Sie trifft nämlich nur auf 1,5% des Erbguts zu. Über die Funktion des restlichen Abschnitts gibt es einige plausible Vermutungen, manche noch nicht bestätigte Theorien und eine Menge Schulterzucken. Das menschliche Genom, so viel steht inzwischen fest, verwendet einen enormen Aufwand auf die Selbstkontrolle. Zahlreiche DNS-Abschnitte (DNS = deutsche Abkürzung für Desoxyribonukleinsäure, A.d.A.) regulieren die Aktivität anderer Erbgutteile, zum Teil über mehrere Zwischenschritte.

Das Wissen über derart komplizierte Abläufe ließ in den Forschern den Verdacht keimen, dass sie es sich mit ihren Aussagen über ›das‹ menschliche Genom wohl etwas zu einfach gemacht hatten."[8]

Offensichtlich kennt man das Äquivalenzgesetz der Information nicht, wonach es bestenfalls genauso viele gelöste wie ungelöste Rätsel gibt, also niemals ein Ende der Unwissenheit erreicht werden kann (s. Kap. 3.4 *Anwendungen und Beispiele zur Äquivalenzinformation*).

Dass sich das Erbgut sogar auch wandeln könnte, darauf ist man bisher noch nicht gekommen. Aber genau das ist der Grund, warum Leben die Möglichkeit besitzt, sich selbst an extremste Bedingungen auf unserer Erde anzupassen, worüber man immer wieder nur staunen kann.

Der Medizin-Nobelpreisträger Renato Dulbecco hebt einige dieser vielen Anpassungsprozesse in seinem Buch *Der Bauplan des Lebens* hervor. Er schreibt „Die Lebewesen sind in alle Winkel der Erde vorgedrungen, von den höchsten Bergspitzen bis hinab auf den Grund der Meere, von den Polargebieten bis zu den Wüsten. Manche Vögel können in Höhen von sieben- bis achttausend Metern fliegen. Andere Geschöpfe leben in Spalten des Meeresbodens, durch die extrem heiße Dämpfe aus dem Erdinnern nach außen dringen. In all diesen Umwelten müssen die Lebewesen sich ernähren - oft fressen sie andere Lebewesen; sie müssen dafür sorgen, daß sie nicht gefressen werden; und sie müssen sich fortpflanzen. Das sind entscheidende Voraussetzungen für das Überleben der Art. Aufgabe der Gene war es, die für diese Anpassungsvorgänge erforderlichen Mechanismen zu entwickeln: sowohl die chemischen Prozesse, die sie zum Leben unter extremen Bedingungen befähigen, als auch die Kommunikationsfähigkeit, mit deren Hilfe sich andere Lebewesen als Aggressoren, Beute oder Paarungspartner erkennen lassen.
Die Natur ist erfindungsreich. Die Strukturen und chemischen Mechanismen, die für die Anpassungsprozesse verantwortlich sind, erweisen sich als hochkompliziert. Man sollte eigentlich nicht erwarten, daß Lebewesen über Mechanismen verfügen, die mit den modernsten Geräten der menschlichen Technik zu vergleichen sind. Doch wenn wir diese Anpassungsprozesse näher untersuchen, betreten wir eine Welt, die so erstaunlich ist wie die der Science-fiction - nur daß wir es hier nicht mit Phantasieprodukten zu tun haben, sondern mit wirklichen Lebewesen, die Radar und Sonar verwenden, sich mit Hilfe von magnetischer Navigation orientieren und Rezeptoren für Druck und Schwingungen besitzen. Wir gewinnen den Eindruck, unsere Phantasie erschaffe sich nur das, was die Natur in der Wirklichkeit bereits zustande gebracht hat". [9]

Schon taucht das nächste Rätsel auf: Soll das alles allein wirklich nur die evolutionäre Selektion geschaffen haben? Wenn man nicht zu den Glaubensjüngern der Evolutionslehre gehört, muss man daran zweifeln und den Eindruck gewinnen, dass auch heute noch – wie zu Darwins Zeiten – der wahre Mechanismus der Evolution unbekannt ist.

Der Genetiker und Mineraloge Antonio Lima-de-Faria ist der Meinung, dass ein deutlicher Unterschied zwischen dem Phänomen der Evolution und seinem Mechanismus gemacht werden muss. Er schreibt: „Wenn man in der Biologie eine Theorie mit derselben strengen mathematischen Formulierung und Voraussagefähigkeit wie bei einer echten Theorie in der Chemie oder Physik fordert, ist folgender Schluß unausweichlich: Es hat noch nie eine Theorie der Evolution gegeben. Was unter dieser Bezeichnung abgehandelt worden ist, waren Interpretationen, die zwar alle wertvolle Informationen lieferten, uns jedoch aufgrund der beträchtlichen Kenntnislücken bei den betrachteten biologischen Phänomenen nicht viel weiterbringen konnten. Weder Lamarck noch Darwin nannten ihre Untersuchungen jemals Theorien." [10]

Daraus resultieren viele Rätsel, was denn Selektion überhaupt bedeutet. Lima-de-Faria zählt auf: „Selektion ist ein Begriff, der die physikalisch-chemischen Prozesse, die bei der Evolution eine Rolle spielen, verdeckt. Zufall ist ein anderer, ... verwendeter Begriff zur Verschleierung der Unwissenheit. Jedes biologische Phänomen, das sorgfältig analysiert worden ist, hat sich als geordnet herausgestellt, Mutation eingeschlossen. ...

Selektion existiert zwar unverkennbar, aber sie hat wenig oder gar nichts mit Evolution zu tun.

Selektion kann nicht in definierten Einheiten gemessen werden, sie kann nicht in eine Ampulle geschüttet oder mit einer Waage gewogen werden. Sie ist keine physikalische Komponente lebender Organismen. Aus diesem Grund kann sie niemals ein Mechanismus der Evolution sein; ein Mechanismus kann nur auf tatsächlichen Komponenten basieren, die Bestandteil von Organismen sind. ... Da es sich bei der Selektion um eine abstrakte Beschreibung abstrakter Situationen handelt, kann sie wahlweise mit jeder Eigenschaft ausgestattet werden, obwohl dies möglicherweise zu Widersprüchen führt. Das ist der Grund, warum sie für mehr als 100 Jahre das Opium der Biologen gewesen ist".[11]

Lima-de-Faria nennt zehn Gründe, warum der Mechanismus der Evolution gegenwärtig unbekannt ist:

1. „Darwinismus und Neo-Darwinismus beginnen am falschen Ende der Evolution, das heißt an ihren Endprodukten. Die Entstehung der Arten und die Dynamik der Populationen sind die Hauptfragen ihrer Studien. Jedoch kann der Mechanismus der Evolution nur durch Erforschung der ursprünglichen Ursachen enthüllt werden.
2. Jede Erklärung der biologischen Evolution und Entwicklung basiert auf dem Gen. Das Gen und das Chromosom werden als omnipotent angesehen. Das Gen entstand aber erst ziemlich spät in der Evolution und kann als solches nicht deren primäre Regeln zeigen.
3. Die von Biochemikern so erfolgreich durchgeführten Untersuchungen des anorganischen Ursprungs des Lebens – gewöhnlich als molekulare Evolution bezeichnet – werden vom Neo-Darwinismus nur insoweit berücksichtigt, als sie die Herkunft der Nukleinsäuren und Proteine aufgehellt haben, da dies die Hauptbestandteile der Gene und ihrer Produkte sind.
4. Die Evolution der Elementarteilchen, der chemischen Elemente und der Mineralien ist nicht berücksichtigt worden.
5. Jede Gestalt und Funktion werden als aus dem Nichts entstanden angesehen. Für den Neo-Darwinisten haben die biologische Gestalt ebenso wie die biologische Funktion keine Vorläufer und erscheinen plötzlich allein als Resultate der Eigenschaften der Gene.

6. Die Elementarteilchen und die physikalischen Kräfte, die diese entwickelt haben, werden als nicht zum Problem der Evolution gehörend betrachtet.
7. Obwohl für die lebenden Organismen, von den Bakterien bis zum Menschen, ein gemeinsamer Vorfahre angenommen wird, bleiben die physikalisch-chemischen Prozesse, die bei ihrer Umgestaltung beteiligt sind, unaufgeklärt. Für nahe verwandte Organismen nimmt man homologe Strukturen an, jedoch wird das Vorkommen derselben Grundgestalt oder -funktion auch bei einem einfacheren Organismus oder in einem Mineral entweder als Analogie oder als Zufall betrachtet. Die Frage nach dem genauen Weg zur Entstehung dieser Ähnlichkeiten wird stillschweigend vermieden, da bei niederen Organismen andere Gene angenommen werden und Mineralien keine Gene haben.
8. Selektion und Zufall „erklären" jedes Problem, für das es keine Erklärung gibt.
9. Die Konsequenz dieses Forschungsstandes ist ein primitives Bild. In der Evolution gibt es keine Gesetze, die mit präzisen mathematischen Begriffen die Verbindungen zwischen Lebewesen oder den Mechanismus ihrer Veränderung beschreiben. Als eine Konsequenz können bei der Evolution keinerlei Voraussagen gemacht werden. Niemand kann vorhersagen, welche Spezies aus dem Homo sapiens oder aus irgendeiner anderen Pflanzen- oder Tierart entstehen wird.
10. Da die Molekularbiologie schnell voranschreitet und jeden Tag eine Menge neuer Erkenntnisse erbringt, die in die allgemein akzeptierte Lehrmeinung eingearbeitet werden müssen, ist das Ergebnis eine völlige Konfusion, bei der „spezielle Selektion" frei eingeführt und nahezu jedes Jahr neue Theorien der Evolution produziert werden".[12]

Mutation und Selektion kommen im PRESTELON-Organismus bei allen Veränderungsprozessen vor (s. Kap. 3.4 *Die vier elementaren Veränderungsprozesse der Natur*). Dabei handelt es sich jedoch nicht um Mechanismen der Evolution, sondern um wesentliche Prozessfunktionen der Lebensentwicklung, die in Abhängigkeit von den Gravitationspotenzialen sowohl informationale, energetische, wirkende als auch ordnende Prozesscharaktere besitzen können. Keiner dieser Prozesse hat eine mechanische Grundlage, denn alle beruhen nur auf zeit- und raumabhängigen Schwingungsereignissen. Deshalb ist es auch angebracht hierbei nicht von „Mechanismen" zu sprechen.

Im PRESTELON-Organismus wird deutlich, dass Mutation und Selektion alleine für den Prozess der Lebensentwicklung nicht ausreichen. Dafür müssen zum Selektionsprozess auch noch die beiden Prozessfunktionen der Erhaltung und Äquivalenz hinzukommen. Außerdem ist der Mutationsprozess, der nur für mikroskopische Veränderungen der Einheit gilt, noch zum Variationsprozess zu erweitern, indem auch die makroskopischen Veränderungen der Vielheit berücksichtigt werden (s. Kap. 3.4 *Variationsordnung*).

Rätsel der Gestalt und Funktion

Das zentrale Rätsel der Evolution erkennt Lima-de-Faria im Ursprung von Gestalt und Funktion. Nach seiner Ansicht wurde das Problem der biologischen Evolution von Darwin wie auch vom Neo-Darwinismus mit der Entstehung der Arten gleichgesetzt. Man kann aber „nur durch die Untersuchung des Ursprungs und der Veränderung von Gestalt und Funktion mit Bestimmtheit den Mechanismus der Evolution aufklären". [13]

In Kap. 3.3 habe ich den PRESTELON-Prozess dargestellt wie er sich aus der Weltformel entwickelt. Die einfachste Gestalt entsteht dabei als Torus, der sich durch die Kombination der gravitativen Potenziale (R_g, R_g', R_g'', R_g''') mit den elektromagnetischen Zustandsfunktionen (UNT, VER, KOM, IDE) ergibt und somit auch alle 16 möglichen Veränderungsprozesse enthält (s. Abb. 3.3.3). Die kleinstmögliche Ausdehnung von Gestalt ist dann durch die Plancklänge bzw. die -frequenz festgelegt und die kleinste Funktion durch das zyklische Zusammenspiel von gravitativen Potenzialen und elektromagnetischen Zustandsfunktionen. Insbesondere die elektromagnetischen Zustandsfunktionen können daher weit unterhalb der Atom- bzw. Molekülstrukturen, also auch weit unterhalb der Zellstrukturen liegen.

Dass daraus lebende Organismen entstehen und auch wieder vergehen können, werde ich im nachfolgenden Kap. 5.2 noch speziell erläutern. Demnach kann Evolution nicht als ein streng biologischer Prozess betrachtet werden, der nur auf der Entwicklung von Zellen ohne Kern (Prokaryoten) und Zellen mit Kern (Eukaryoten) und auf jener der Moleküle, die zur Entstehung der Gene führten, gründet. Sondern Evolution basiert auf Prozessfunktionen, d.h. auf gravitativen und elektromagnetischen Schwingungsereignissen, denen Masse- und Temperaturpotenziale zugrunde liegen. Daraus können sich informationale, energetische, wirkende und ordnende Veränderungsprozesse und natürlich auch damit verbundene Resonanzen entwickeln, welche die Evolution antreiben. D.h., auch die Elementarteilchen, die chemischen Elemente und die Mineralien konnten eine eigene Evolution haben, da sie alle aus PRESTELON-Organismen hervorgingen.

Wie in Kap. 4.8 gezeigt wurde, begann Evolution schon mit der Entstehung des Universums und zwar als ein notwendiger zyklischer Evolutionsprozess, der allerdings auch Zufallsmomente beinhaltet und bis heute noch nicht abgeschlossen ist.

Lima-de Faria fügt der Evolution des Universums noch zwei weitere hinzu: „Später entfalteten die Elemente des chemischen Periodensystems ebenfalls eine geordnete und scharf abgegrenzte Evolution. Wiederum später durchliefen die Mineralien eine eigene Evolution. Diese drei Evolutionen gingen der biologischen Evolution voraus.

Diese physikalisch-chemischen Vorgänge gestatten es, die biologische Evolution in einem völlig neuen Kontext zu sehen.

Am wichtigsten ist die Tatsache, daß die biologische Evolution »Gefangener« dieser drei vorhergehenden Evolutionen wurde.
Deren Gesetze und Regeln schufen den Rahmen, den die biologische Evolution nicht verlassen konnte und nicht verlassen kann". [14]

Die Gesetze und Regeln des PRESTELON-Prozesses habe ich in Kap. 3.3 beschrieben. Sie sind grundlegend für alle Lebensprozesse. Lima-de-Faria konnte diese quantitativen Prozesse nicht kennen, deshalb ging er von der qualitativen Annahme aus, dass es ein Transformationsphänomen gibt, das dem Aufbau der Materie und der Energie innewohnt, welche die Umsetzung biologischer Prozesse erzeugen und kanalisieren. Um dieses Phänomen besser beschreiben zu können, hat er den Begriff der Autoevolution eingeführt. Die direkte Konsequenz der Autoevolution soll das Erscheinen von Formen und Funktionen gewesen sein, die alle auf die ursprünglichen Eigenschaften der Materie und Energie zurückzuführen und von diesen geformt worden sind. Autoevolution soll dann auf Isomorphismus und Isofunktionalismus beruhen. Alle Erscheinungen sind homolg, d.h. artengleich wie die Hand eines Menschen und die eines Schimpansen, nur das Ausmaß der Homologie ist variabel. Danach gibt es in der Natur keine Zufälle und auch keine Analogien, nur das Ausmaß der Homologie soll sich ändern können.

Lima-de-Faria: „Der Zufall und die Analogie werden dadurch zur Homologie. Der physikalisch-chemische Prozess vereint anscheinend nicht verwandte Strukturen. Wenn man erkennt, dass diese Strukturen und die embryologischen Prozesse primär zu reinen physikalisch-chemischen und mineralischen Erscheinungen in Beziehung stehen, kann man auch das genaue Maß der Homologie feststellen oder erforschen". [15]

Dies hat Lima-de-Faria auf umfangreiche Weise getan. Er demonstriert damit anschaulich viele Beispiele des Isomorphismus und Isofunktionalismus. Als Ergebnis stellt er zusammenfassend fest, „daß die Evolution Ausdruck einer hochgradig geordneten Transformation ist, die der Materie und der Energie innewohnt (Autoevolution). Die Genfunktion ist bestimmt durch die Anordnung der Chromosomen, das Chromosom ist ein Produkt der Ordnung der Zelle, die Zelle wiederum ist abhängig von der Ordnung der Mineralien, das Mineral wurde gesteuert durch die Ordnung seines atomaren Aufbaus, und das Atom resultiert aus der Ordnung der Elementarteilchen". [16]

Wie es scheint, sind Gestalt und Funktion bei Lima-de-Faria nur die drei sichtbaren Ausdrucksweisen von Energie, Ordnung und Wirkung. Aber wo bleibt die Information und wie geschieht der Sprung von der unbelebten, anorganischen Materie zum lebenden Organismus der Zelle?

Das Zauberwort heißt Selbstorganisation. Manfred Eigen soll als erster die neuen Erkenntnisse von der Theorie der Selbstorganisation auf das Problem der präbiologischen Evolution übertragen haben. Eines der wichtigsten Resultate dieser allgemeinen Untersuchungen war die Schlußfolgerung: „Das offene

System Urerde war instabil gegen Fluktuationen, die den Charakter einer molekularen Selbstorganisation trugen, und somit konnte die Entstehung von Lebensformen als ein gesetzmäßiger und notwendiger Prozeß betrachtet werden. Am Beginn dieses Prozesses standen zufällige Selbstreproduktionsprozesse, die zur Bildung einer im Darwinschen Sinne evolutionsfähigen Struktur führten".[17]

Das ist natürlich sehr vage ausgedrückt und erklärt überhaupt nichts. Aber niemand hat etwas Besseres zu bieten. Auch für Lima-de-Faria ist Selbstorganisation die sichtbare Konsequenz der Autoevolution. „Sie erstreckt sich von der ursprünglichen Materie bis zu den menschlichen Gesellschaften. Elementarteilchen organisieren sich selbst zu Atomen, Atome zu Molekülen, Moleküle zu Zellorganellen. Viren und Ribosomen können sich aus ihren isolierten Nukleinsäuren und Proteinen selbstorganisieren und werden voll funktionsfähig. Chemische Botschaften zwischen den Zellen ermöglichen, daß sich diese im lebenden Organismus geordnet zusammenbauen".[18]

Jetzt plötzlich bekommt auch die Information ihre Bedeutung, die chemische Botschaft soll das Rätsel des Lebens lösen. Aber wie entsteht und wie funktioniert sie? Sie ist nur ein qualitativer Hinweis. Von der quantitativ beschreibbaren Informationsäquivalenz $I_B = I_U$ hat niemand eine Ahnung. Deshalb können auch die Selbstorganisationsmodelle, trotz der Fortschritte, die heute schon mit diesen erreicht wurden (z.B. mit H. Hakens Ordnungsparametermodellen), zur Entstehung des Lebens nicht mehr als qualitative Erklärungen abgeben. Man kann damit noch nicht einmal die Frage beantworten, ob und wie es möglich ist, dass sich biologische Makromoleküle selbst zu belebten Systemen organisieren können oder ob das ganze nur ein einmaliges Zufallsereignis war (s. unten Abschnitt *Lebensentstehung als Zufall oder Notwendigkeit?*).

Der entscheidende Schritt von der unbelebten, anorganischen Materie zum lebenden Organismus ist nach wie vor ein Rätsel. Man ist geneigt, den „Atem Gottes" dafür als glaubwürdigeren Vorschlag zu akzeptieren.

Rätsel der Energie und Information im Lebensprozess

Es ist in allen Wissenschaftszweigen unbestritten, dass Leben durch Energie hervorgebracht wird. Nach R. Dulbecco ist „Energie notwendig, um Atome zu Molekülen und Moleküle zu Strukturen anzuordnen. Auch der Elektronenaustausch, der den Enzymaktivitäten zugrunde liegt, ist auf Energie angewiesen, ebenso wie Ionenfluß und Zellbewegungen. Mithin ist irdisches Leben ein Ausdruck der Energie des Universums. Umgekehrt hat die Existenz von Energie möglicherweise die Existenz von Leben zu einer Unausweichlichkeit gemacht, weil sie die Möglichkeit zu Ordnung und Organisation bietet." [19]

Auf der Erde erkennt man zwei biologische Teilwelten. Die erste kann Energie speichern, welche die zweite Teilwelt zur Aufrechterhaltung ihres Lebens benötigt. Der ganze Austauschprozess kann deshalb analog zum wirtschaftlichen Marktgeschehen von Angebot und Nachfrage betrachtet werden: Die erste Teilwelt besteht dann aus den Energie erzeugenden und bindenden *Produzenten* und die zweite aus den *Konsumenten*. Das hört sich harmlos an, verdeckt jedoch die dramatische Wirklichkeit des „Fressen und Gefressen" werden. Da es auch noch *Konsumenten* gibt, die sich andere *Konsumenten* ganz oder teilweise einverleiben, kann das biologische Marktgeschehen auch die furchtbare Form eines Kampfes um „Leben und Tod" annehmen. Was dabei noch übrig bleibt wird von den sog. *Destruenten* weiter verwertet, also von Organismen, die leblose organische Rückstände zu einfachen anorganischen Verbindungen rückverwandeln.

Der ganze biologische Lebensprozess läuft also in einer nahezu endlosen hierarchisch organisierten Energie-Kaskade ab, bis die in Körpern gebundene Teilchen-Energie zur körperlosen Energie-Strahlung wird, d.h. Ordnung wandelt sich zu Chaos und steht wieder für die Erzeugung neuer Ordnung zur Verfügung: Ein Leben-Tod-Kreislauf. Leben und Tod gehören zusammen, sie sind ein komplementäres Paar. Der Tod ermöglicht das Leben, und das Leben ermöglicht den Tod.

Damit die Energie- bzw. die Ordnungs-Chaos-Kaskade immer über ausreichend „Futter" verfügen kann, hat die Natur neben dem Überlebenstrieb einen Todestrieb geschaffen, den Drang zum Risiko, der anderes Leben begünstigt. Das zeigt sich in der Tierwelt genauso wie beim Menschen. Dort nennt man es Herden- bzw. Wandertrieb, der die Herde selbst dann nicht von ihren angestammten Wanderrouten abweichen lässt, wenn sie weiß, das dort Lebensgefahr herrscht, hier nennt man es Abenteuer oder Krieg und man ist sich der Gefahr oder der Möglichkeit des Todes stets bewusst. Der Tod des einen schafft die Erhaltung des Lebens für einen oder mehrere andere. Aber der Todestrieb zur zufälligen Begünstigung von Leben ist ein Rätsel für alle, die noch keine Kenntnis vom PRESTELON-Organismus haben.

Damit die Energie- bzw. die Ordnungs-Chaos-Kaskade nicht irgendwann mangels „fressbarer" Masse zu Ende geht, hat die Natur vor dem Tod eine bedeutende Möglichkeit zur Erhaltung des Lebens bzw. zur Erhaltung der jeweiligen Art geschaffen: Den Drang zur Erzeugung von neuem Leben aus bestehendem Leben. Diese sog. Selbstreproduktion ist das größte Rätsel des Lebens überhaupt, jedoch nur für diejenigen, die noch keine Kenntnis vom PRESTELON-Organismus haben.

Leben wird nicht nur durch Energie hervorgebracht, weil diese die Möglichkeit zu Wirkung und Ordnung bzw. Chaos bietet, sondern es kann ohne Information – selbst bei noch so viel Energie – überhaupt nicht existieren. Gemeint ist damit nicht die primitive mathematisch-statistische Unbestimmtheit, die sich nur in ihrer syntaktischen Dimension als Zufall, Unordnung und Entropie ausdrücken kann (s. Kap. 2.7 Abschnitt *Die Rätsel der Information*). Gemeint ist die biologische Information, die in ihrer semantischen Dimension aus Ordnung zur Bestimmtheit wird und somit erst Kommunikation zwischen und über Leben ermöglicht. Lebewesen sind vollkommen informationsgesteuert und diese Information ist in universeller Form bereits im PRESTELON-Prozess als Selektionsinformation erkannt worden (s. Kap. 3.4 *Biologische Informationsentstehung*).

Aber für die Biologen ist sie erst auf der Ebene der biologischen Makromoleküle ersichtlich. Nach Meinung des Bioinformatikers Bernd-Olaf Küppers ist „das Problem der Lebensentstehung daher im Wesentlichen gleichbedeutend mit dem Problem der Entstehung biologischer Information".[20]

Biologische Informationssysteme können sowohl intern, d.h. innerhalb ihres eigenen molekularen Lebenssystems, als auch extern, d.h. außerhalb von diesem mit anderen Lebenssystemen kommunizieren.

Bei allen erdgebundenen Lebewesen stehen für die interne Kommunikation Fasern oder Filamente zur Verfügung, die für Gestalt und Funktion aller Zellen verantwortlich sind. Das gesamte Zytoplasma, die sog. Zellmatrix, ist von einem sehr dünnen, dreidimensionalen Netzwerk durchzogen, das alles zusammenhält. Darüber läuft der gesamte interne Informationsaustausch und dafür hat sich eine molekulare »Sprache« herausgebildet, bei der das Polynukleotid DNA (engl. Desoxyribonucleic acid) als Informationsträger fungiert. Diese »Sprache« ist also chemischer Natur. Sie hat ein sog. DNA-Alphabet, das aus vier Basen besteht, die man mit A, G, T und C abkürzt (was Adenin, Guanin, Thymin und Cytosin bedeutet), aus einem Zucker (Desoxyribose) und Phosphat. Alle diese Bestandteile werden durch chemische Bindungen zusammengehalten. R. Dulbecco meint, dass „die Einfachheit dieser chemischen Zusammensetzung erstaunlich ist, wenn man bedenkt, wie vielfältig und komplex die von der DNA codierten Informationen sind, die die Merkmale aller lebenden Organismen, von den Viren bis zu den Menschen, festlegen und abstimmen".[21]

Die DNA-Sprache besitzt grammatische Regeln und bildet Zusammensetzungen verschiedener Größe, nämlich die Einheiten Mutation, Kodierung und Rekombination. Diese Teilfolgen haben jeweils eine genau definierte Bedeutung im biologischen Zusammenhang, sie kodieren z.B. bestimmte Merkmale oder Enzyme. Man glaubt, dass sich die Elemente dieser molekularen Sprache im Urozean ausgebildet haben müssen. Das heißt, man weiß auch heute noch nicht, wie, wo und warum die Basen Adenin, Guanin, Thymin und Cytosin entstanden sind, obwohl die Biologen James Watson und Francis Crick bereits 1953 das Rätsel der DNA-Struktur gelöst haben.

Die lineare Abfolge der Bausteine A, G, T und C verschlüsselt die gesamte Information für den Aufbau eines lebenden Organismus. Dieser funktioniert damit wie eine molekulare Maschinerie, deren wesentliche Aufgabe es ist, sich reproduktiv zu erhalten und ihren eigenen Bauplan möglichst effizient von Generation zu Generation weiterzugeben. Es ist daher sehr interessant und es lohnt sich, die Struktur der DNA genauer zu betrachten, denn in ihr verbergen sich weitere wichtige elementare Rätsel der biologischen Information.

R. Dulbecco erklärt, „daß ein DNA-Molekül wie ein Reißverschluß aufgebaut ist: Es besitzt zwei Stränge, von denen jeder aus einer Reihe von Zähnen (den Basen) besteht; diese sitzen an einem Band von einander abwechselnden Zucker- und Phosphatmolekülen. Die beiden Stränge sind umeinander zu einer Doppelhelix gewunden. Gewöhnlich ist die Helix rechtsdrehend, wie eine Schraube mit Rechtsgewinde (es gibt auch eine wichtige Ausnahme, auf die hier aber nicht eingegangen wird, A.d.A.). Nach der Orientierung der Zucker-Phosphat-Verbindungen, die das »Rückgrat« eines Stranges bilden, kann man jedem DNA-Strang eine Richtung zuweisen, die sich durch einen Pfeil darstellen läßt. In den beiden Strängen einer Doppelhelix sind die Richtungen des jeweiligen Rückgrates stets entgegengesetzt, so daß sich die Doppelhelix durch zwei parallele Linien darstellen läßt, die in entgegengesetzte Richtungen zeigen. Diese Gerichtetheit ist wichtig, denn sie wird von Enzymen erkannt, auf die die DNA angewiesen ist, um ihre entscheidende Rolle für die Vererbung spielen zu können".[22]

Erkennen Sie die Analogie zum PRESTELON-Prozess? Zwei gegenläufige Sinusschwingungen (in Wirklichkeit sind es räumliche Helizes) mit eindeutigem Richtungssinn! In der Abb. 5.1.1 ist die DNA-Doppelhelix mit ihren beiden Strängen *a*) und einem Sequenzausschnitt *b*) mit jeweiligem Richtungssinn abgebildet. In diesem Sinn wirken alle Enzyme mit einem Strang zusammen und folgen ihm nur in eine Richtung. Niemand weiß jedoch, wie dieser Richtungssinn in die DNA hinein kommt. Er ist ein Rätsel für alle, die noch keine Kenntnis vom PRESTELON-Organismus haben.

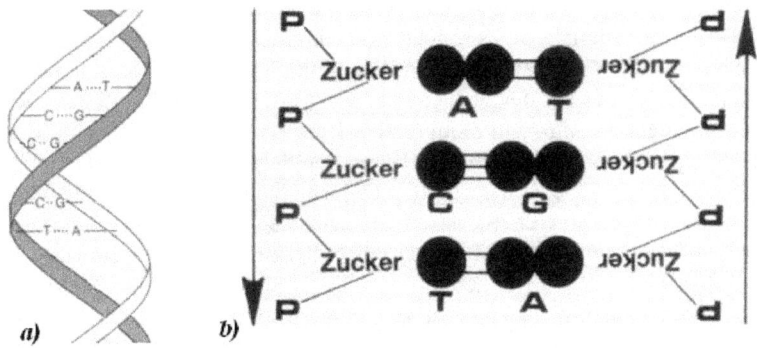

Abb. 5.1.1: DNA-Doppelhelix
a) Stränge, *b)* Sequenz-Ausschnitt mit jeweiligem Richtungssinn

Dulbecco erklärt weiter: „Die Stränge werden durch schwache Bindungen (vor allem Wasserstoffbrücken) zwischen den Basen zusammengehalten, wie die Stränge eines Reißverschlusses durch die gegenüberliegenden Zähne verbunden sind. A auf dem einen Strang ist stets mit T auf dem anderen gekoppelt, und dasselbe gilt für G und C (Abb. 5.1.1b), so daß sie die beiden Basenpaare A-T und C-G bilden. Infolgedessen kommen A und T beziehungsweise C und G stets in gleichen Mengen vor. Daß die Stränge verdreht sind, liegt an der Form ihrer Bestandteile. Die beiden Stränge weisen auf einem DNA-Abschnitt von zehn Basenpaaren eine vollständige Drehung auf (in der Abb. 5.1.1 ist nur ein Ausschnitt von 5 Basenpaaren dargestellt)".[23]

Warum die Natur hier ausgerechnet eine vollständige Drehung in das biologische Geschehen hineinbringt ist nur dann ein Rätsel, wenn man noch keine Kenntnis vom PRESTELON-Organismus hat. Da dies auch auf Dulbecco zutrifft, ist es nicht verwunderlich, wenn er hier noch keine Antwort weiß. Er schreibt zwar, dass dies wichtige Konsequenzen hat, aber wie und warum eine 360°-Rotation im Lebensprozess entsteht bzw. notwendig ist, wird an keiner Stelle seines Buches erwähnt.

Trotzdem weiter mit Dulbecco: „Da die Bindungen, die die beiden Basenpaare - und damit die beiden Stränge - zusammenhalten, schwach sind, lassen sich die Paare leicht trennen und umbilden. Das ist eine weitere Eigenschaft, die wichtig für die Funktionen der DNA ist. Dennoch ist eine lange Doppelhelix recht stabil, weil die Bindungen zwischen den beiden Strängen sehr zahlreich sind; entsprechend ist in einem Reißverschluß die Verbindung zwischen zwei einzelnen Zähnen nur schwach, während alle Zähne zusammen einen festen Halt ergeben. Die Stabilität der Doppelhelix schützt die Basen vor Schädigung durch viele Enzyme und chemische Wirkstoffe. Damit ist die DNA-Helix zugleich stabil und formbar.

Die regelmäßige Verbindung der Basen zu Paaren läßt darauf schließen, daß die Basen die Signale eines Codes sind, ähnlich wie Punkte und Striche als Zeichen des Morsealphabets dienen. Die biologischen Eigenschaften der DNA beruhen in der Tat auf der Sequenz der vier Basen, das heißt auf ihrer Reihenfolge in einem Strang - um beim letzten Beispiel zu bleiben: Auch die Mitteilungen im Morsecode ergeben sich aus der Sequenz der kurzen und langen Signale. Die DNA-Sequenz codiert genetische Instruktionen, die auf sehr exakte Weise von einer Generation an die nächste weitergegeben werden. Dies geschieht durch einen Replikationsprozeß, bei dem aus den bereits vorhandenen DNA-Molekülen neue gebildet werden. In der DNA-Doppelhelix sind die Basen nicht zugänglich, sondern zu Paaren verbunden und im Zentrum der Helix verborgen. Soll die Basensequenz gelesen werden, müssen sich die Stränge erst trennen. Und genau das geschieht, wenn die genetischen Instruktionen der DNA von den Zellen verwendet werden. ...

Eine DNA-Doppelhelix muß sich replizieren - also identische Kopien von sich selbst anfertigen -, um die genetische Information weitergeben zu können, die sie enthält. Die Mechanismen der Replikation, eines Prozesses, zu dem nur die DNA und einige RNAs fähig sind, beruhen auf der besonderen Assoziation der Basen zu den Paaren A-T und G-C. Diese Verknüpfung legt eine Eins-zu-eins-Beziehung zwischen den beiden Strängen fest: Steht die Basensequenz des einen Stranges fest, so ist die Sequenz des anderen vollständig bestimmt. Da die beiden Stränge nicht identisch sind - wo der eine A hat, hat der andere T, und wo beim einen G ist, findet sich beim anderen C -, bezeichnet man sie als komplementär.

Komplementarität ist die Grundlage der Replikation; ein Strang erzeugt einen komplementären Strang und bleibt mit diesem in einer neuen Doppelhelix verknüpft".[24]

Die Funktion der Komplementarität als Grundlage für die Reproduktion von Information ist aus vielen alltäglichen Beispielen bekannt: Um eine fotografische Kopie von einem Dokument anzufertigen, stellen wir zuerst ein Negativ (die komplementäre Kopie) und dann ein Positiv her, das, da es das Negativ des ersten Negativs ist, mit dem ursprünglichen Dokument identisch ist, während die Positiv-Kopie dem Original doppelt komplementär ist. Im PRESTELON-Prozess kommt die KOM-Zustandsfunktion hauptsächlich zum Einsatz, um das komplementäre Wechselspiel zwischen Akt und Potenz durchzuführen und bei der IDE-Zustandsfunktion werden identische Kopien von sich selbst erzeugt. Beide Zustandsfunktionen sind für die Replikation erforderlich.

Daraus resultiert die Lösung des Rätsels, weshalb die Helix-Stränge erst getrennt werden müssen, um lesbar zu sein. Denn durch die Verschränkung der beiden Zyklen in der IDE-Zustandsfunktion, können nach dem Äquivalenzgesetz $I_B = I_U$ bestimmte und unbestimmte Information gleichzeitig bestimmt und unbestimmt sein. Information kann demnach erst bestimmt sein, wenn die unbestimmte Information verschwunden ist und umgekehrt, d.h., wenn die Verschränkung aufgehoben ist (s. Kap. 4.7 *Lösung des Informationsverschränkungsrätsels mit der IDE-Zustandsfunktion*).

Mit Dulbecco kann man sagen, dass „Leben die Aktualisierung der in den Genen kodierten Anweisungen ist". Aber Leben will oder muss auch die Welt erkunden. Wie kommunizieren Lebewesen mit anderen Lebewesen, insbesondere wenn es sich um verschiedene Arten handelt?

Über die Gründe dieser externer Kommunikation zwischen Lebewesen schreibt R. Dulbecco: „Kein Organismus lebt für sich allein auf der Erde; jeder ist Teil des gesamten Lebenskomplexes, Lebewesen derselben Art müssen sich finden und paaren, um die Art fortzusetzen. Sie müssen bestimmte Organismen erkennen, von denen sie sich ernähren können, und andere, die auf sie selber als Nahrung erpicht sind. Viele Organismen leben ferner in Gesellschaften, in denen sie sich auf vielfältige Weise helfen müssen. Aus all diesen Gründen müssen Lebewesen Informationen austauschen. Dafür werden viele Signalarten verwendet, die auf chemischen oder physikalischen Erscheinungen beruhen. Von welchen dieser Möglichkeiten ein bestimmtes Lebewesen Gebrauch macht, hängt von seiner Umwelt ab.

Der Signalaustausch zwischen Tieren ist uns vertraut; weit weniger ist uns bewußt, daß auch Pflanzen zur Kommunikation fähig sind, Dabei gibt es hochinteressante Beispiele für dieses Phänomen. Wenn man beispielsweise die Blätter der Pappel oder des Zuckerahorns abstreift, wehren sich die Pflanzen, indem sie schädliche Substanzen bilden, wodurch die verbleibenden Blätter weniger appetitlich werden. Diese Abwehrmaßnahme überträgt sich nun auch auf andere Pflanzen in unmittelbarer Nähe. Auch die Nachbarn beginnen, die schädlichen Stoffe herzustellen, wobei sie offenbar unter dem Einfluß bestimmter durch die Luft übertragener Stoffe stehen, die von der ihrer Blätter beraubten Pflanze freigesetzt wurden". [25]

Im Grunde geschieht die externe Kommunikation bei allen Lebewesen mit den gleichen Signalen, die sowohl empfangen als auch ausgesendet werden können. Die Empfangsorgane für solche Signale werden beim Menschen Sinne genannt: Seh-, Gehör-, Geruchs-, Geschmacks-, Tast- bzw. Druck-, Temperatur-, Schmerz- und Gleichgewichtssinn, wobei die letzten drei Sinne zum Gefühlssinn zusammengefasst werden können, so dass man von den sechs menschlichen Sinnen spricht. Tiere und Pflanzen benutzen die gleichen Sinne, nur nicht alle gleichermaßen, sondern spezialisiert auf einzelne, die dafür aber sehr viel besser als beim Menschen ausgeprägt sind. Darüber hinaus können Tiere und Pflanzen auch noch weitere Empfangs- und Sendeorgane benutzen, die der Mensch nicht hat.

Interessant ist, dass Lebewesen einen selbständigen Temperatursinn besitzen, wo doch die Physik diese Größe nur als Parameter betrachtet. Das ist für alle ein Rätsel, die noch nicht erkannt haben, dass die Temperatur ein gravitatives Geschwindigkeitspotenzial und somit eine geschwindigkeitsabhängige Funktion, während die Masse nur eine zeitabhängige Funktion ist.

Die wichtigsten Kommunikationsmittel, die zur Ansprache dieser Sinne verwendet werden, sind:[26]

- Licht
Licht ist für alle Lebewesen eine der wichtigsten Informationsquellen – ganz besonders für den Menschen –, weil es anzeigt, ob Tag oder Nacht ist und wie lange die Tage sind. Diese Information ist für die Fortpflanzung der Pflanzen und Tiere sehr wichtig. Außerdem gibt sie auch Auskunft über die Richtung von Gegenständen oder anderen Organismen. Pflanzen richten ihre Blätter auf verschiedene Weise nach der Lichtrichtung aus, einmal um möglichst viel ein andermal um möglichst wenig Sonnen- bzw. Wärmestrahlung abzubekommen oder sie differenzieren beide Möglichkeiten in Abhängigkeit von der Morgen-, Mittags- oder Abendzeit. Wie sie in den verschiedensten Fällen ihre Ausrichtung beibehalten, ist ein Rätsel.
Das Empfangsorgan für Licht wird Auge genannt. Es gibt drei verschiedene Arten. Die eine funktioniert nach dem Prinzip der Augenflecken (z.B. bei Würmern). Solche Augen können keine Bilder konstruieren, sondern lediglich feststellen, aus welcher Richtung das Licht oder der Schatten kommt. Sie sind wichtig für den Beutefang oder den Schutz vor natürlichen Feinden.
Ein anderer Typus ist das Wirbeltierauge, das wie eine Kamera aufgebaut ist. Es kommt auch beim Menschen zum Einsatz und hat eine Linse, die ein gebündeltes Bild der Außenwelt auf die Netzhaut, eine lichtempfindliche Schicht im Augenhintergrund, wirft. Das Auge entwickelte die Fähigkeit, mit Hilfe einer Kombination von Sinneszellen Farben zu unterscheiden.
Ein dritter Augentyp ist das zusammengesetzte Komplex- oder Facettenauge, das viele höherentwickelte Wirbellose, z.B. Insekten, besitzen. Dieses Auge besteht aus etwa hundert unabhängigen Augen, die alle dicht zusammen liegen und radial angeordnet sind. Durch diese Anordnung ist das Komplexauge in der Lage, ein fast kugelförmiges Sehfeld zu erfassen, das größer als das Wirbeltierauge ist.
Viele Lebewesen sind unter Bedingungen aktiv, unter denen es in ihrer Umgebung kein oder nur wenig Licht gibt. Sie erzeugen deshalb ihr eigenes Licht. Dieses Licht wird von Organismen für verschiedene Zwecke benutzt. Glühwürmchen benutzen es als sexuelles Signal. Fische und andere Meerestiere locken mit seiner Hilfe Sexualpartner und Beutetiere an, erhellen damit ihre Umgebung oder nutzen es für ihre Verteidigung. Der Mensch kann mit seinem Körper kein eigenes Licht erzeugen, ist jedoch eine ständige Quelle elektromagnetischer Strahlung im Infrarotbereich.

- Schall
Die meisten Tiere können auf irgendeine Weise Schallwellen wahrnehmen (mit den Ohren hören) oder aussenden (mit dem Mund und sonstigen Körperteilen). Auch Insekten und Spinnen erzeugen Geräusche, die zur Kommunikation zwischen Sexualpartnern dienen. Am höchsten

entwickelt ist die Lautkommunikation bei Wirbeltieren, also auch beim Menschen.

Ohne Schwierigkeiten kann auf einer horizontalen Ebene bestimmt werden, woher ein Geräusch kommt. Die Wissenschaftler sind der Meinung, dass das Gehirn die Richtung aus den Zeitunterschieden „berechnet", mit denen die Druckwellen die beiden Ohren erreichen. Ein kurzer Laut soll dabei mit einer zeitlichen Verschiebung eintreffen und einen Druckunterschied erzeugen, der nicht synchron ist. Doch weder die an der Schallkommunikation beteiligten Körperteile noch das Gehirn kennen die physikalischen Gesetze von Zeit und Druck. Es ist schlicht ein Rätsel, wie hier etwas „berechnet" werden soll.

Tiere, die sich im Dunkeln orientieren, paaren oder jagen, verlassen sich nicht nur auf die Geräusche, die von den gesuchten Objekten hervorgebracht werden, sondern verwenden eine Echoortung (Sonar). Sie können eine rasche Folge von kurzen, meist für den Menschen unhörbaren Lauten erzeugen und daraus die Richtung der Objekte anhand der Echos bestimmen, die sie empfangen. Das kann der Mensch in der Regel nicht (es soll jedoch einige Ausnahmen geben) und es ist auch rätselhaft, wie dieser Mechanismus wirklich funktioniert.

- Geruch und Geschmack
  Geruchs- und Geschmackssinn sind miteinander verbunden und beide spielen bei der Kommunikation der verschiedensten Arten eine vielfältige Rolle. Ihre Grundlage sind Rezeptoren für spezielle chemische Stoffe, die bei allen Lebewesen vorkommen. Das größte Unterscheidungsvermögen hat der Geruchssinn, der eine sehr große Zahl von chemischen Stoffen unterscheiden kann (z.B. ist dieser Sinn beim Hund und Schwein außergewöhnlich gut ausgeprägt). Am häufigsten werden Geruchs- und Geschmackssinn verwendet, um damit geeignete Nahrung zu identifizieren. Viele Arten verwenden den Geruchssinn auch zur Partnererkennung. Andere erzeugen unangenehme Geschmäcke oder Gerüche, um möglichen Feinden die Lust zu nehmen, sie zu jagen oder zu fressen. Manchmal liegt der Grund auch einfach darin, dass sich unbeliebte Objekte nicht in unmittelbarer Nähe aufhalten sollen.

- Berührung
  Nahezu alle Organismen können Objekte wahrnehmen, die ihre Haut berühren. Doch als Mittel zur Erfassung der Umwelt ist möglicherweise eine andere Form der Berührung noch wichtiger – die Berührung auf Distanz. Diese ist besonders im Wasser möglich, wo Bewegung die lokalen Druckverhältnisse verändert. Fische und Kaulquappen haben Mechanismen, die sehr empfindlich auf solche Druckveränderungen reagieren. Wenn sich aber die Kaulquappen zu Fröschen transformiert haben und in der Luft leben, funktioniert dieser Mechanismus anscheinend nicht mehr. Warum?

- Elektrizität
  Elektrische Phänomene sind für wichtige Eigenschaften aller Zellen verantwortlich. Sie sind auch die Grundlage für die Funktion des Nervensystems. Deshalb ist es auch nicht überraschend, dass einige Organismen die Elektrizität als Kommunikationsmittel verwenden. Alle Lebewesen emittieren im Wasser elektrische Signale, die von Raubfischen, z.B. Haien, registriert werden können. Das ist eine sehr zuverlässige und raffinierte Methode zur Ortung von Beutetieren, weil diese selbst im trüben Wasser und Schlamm nicht verborgen bleiben.
  Bestimmte afrikanische Fische und Zitteraale besitzen ein Organ, das mehrere hundert elektrische Entladungen pro Sekunde hervorbringen kann. Die Stromstöße breiten sich im Wasser aus und umgeben den Organismus mit einer Ladungswolke. Wenn ein Objekt in diese Wolke eindringt, bewirkt es eine Störung, die von elektrischen Rezeptoren registriert wird. Daraus können dann im Einzelnen folgende Informationen gewonnen werden: Ist das Hindernis ein lebender Organismus? Wie bewegt es sich? Ist es Feind oder Beute?
  Informationen aus elektrischen Signalen können im Dunkeln und ohne Berührung gewonnen und auch als Paarungssignale benutzt werden.

- Magnetfeld
  Organismen nutzen auch das magnetische Feld, das die Erde umgibt, für die biologische Kommunikation. Das beste Beispiel liefern hier bestimmte Bakterien, die im Schlamm und Sümpfen leben. Sie sollen quasi einen inneren Kompass haben mit dem sie den Nordpol ausfindig machen können und somit in den Kraftlinien des magnetischen Feldes immer wissen in welcher Richtung es nach unten geht, weil sie zu nahe an der Oberfläche vom Sauerstoff vergiftet würden.
  Da Meeresströmungen, die durch das Magnetfeld der Erde fließen, auf die gleiche Weise Strom erzeugen, wie es in einem Dynamo geschieht, kann dieser von Fischen zur Orientierung benutzt werden. Ebenso erzeugt auch ein Fisch, der durch das Magnetfeld der Erde schwimmt, elektrische Ströme. Ihre Eigenschaften werden von der Richtung der Bewegung, bezogen auf das magnetische Feld, bestimmt, so dass sie dem Fisch möglicherweise Informationen über die eigene Richtung liefern.

Alle diese Kommunikationsmöglichkeiten beruhen auf der Informationsäquivalenz $I_B = I_U$. Die Bestimmung von Information aus I_U ermöglicht auch die Bestimmung von Energie, daraus die Bestimmung von Wirkung und daraus die von Ordnung und im neuen Zyklus wieder alles von vorn. Das ist der Transformationsprozess, den Lima-de-Faria rein qualitativ mit Autoevolution erklärt, aber ihm keine quantitative Form geben kann. Im PRESTELON-Prozess sind diese Transformationsphänomene als elementare Veränderungsprozesse quantitativ formuliert (s. Kap. 3.4 und 4.6 *Transformation der elementaren Veränderungsprozesse*).

Analysiert man die oben aufgeführten Kommunikationsmittel und -wege und das daraus resultierende Verhalten der Lebewesen, so kann man erkennen, dass sich die biologische Kommunikation (interne und externe) auf vier wesentliche Lebenszwecke reduzieren lässt:

- Identität:
Lebewesen stehen allein zu sich selber in einer identischen Beziehung (Reflexibilität). Da diese Identität ein Spezialfall der Gleichheit ist, können Teile des Lebewesens in der Zeit durch einen ständigen Austauschprozess hergestellt werden (Substitutivität) und nicht durch eine physische Kontinuität. Im PRESTELON-Prozess ist dafür die Zustandsfunktion IDE zweckmäßig. Sie ermöglicht die Feststellung der Gleichheit (z.B. gleiche Art = Freund) und Ungleichheit (z.B. fremde Art $\neq$ Freund).

- Erhaltung:
Die Art wird durch die Komplementarität erhalten, d.h. durch Replikation der DNA und damit der Gene bzw. der Information, weil Gene kodierte DNA-Sequenzen sind. Im PRESTELON-Prozess ist dafür die Zustandsfunktion KOM zweckmäßig. Außerdem geschieht darüber der Austausch von Information, Energie, Wirkung und Ordnung im Organismus und der vom Organismus mit der Umwelt bzw. mit anderen Organismen.

- Veränderung:
Leben ist Bewegung, aber noch vielmehr ist es ständige Veränderung, weil auch die DNA außerordentlich veränderlich ist. Ständig gehen irgendwelche Teile verloren und werden durch Reparatur-, Rekombinations- und Transportprozesse ersetzt, die das ganze Leben andauern, dabei mit der genetischen Information gesteuert und von den Proteinen vermittelt werden. Im PRESTELON-Prozess ist dafür die Zustandsfunktion VER zweckmäßig. Über sie funktioniert die Selektion und Mutation des Organismus.

- Unterscheidung:
Leben kann Unterscheidungen und damit Entscheidungen treffen, z.B. zwischen Vergangenheit und Zukunft, Freund und Feind, Schmerz und Wohlbefinden usw. Im PRESTELON-Prozess ist dafür die Zustandsfunktion UNT zweckmäßig. Daraus resultiert die Möglichkeit der Orientierung in Raum und Zeit, d.h. die Bestimmung von Richtung, Entfernung und Dauer. Diese Orientierung ist unscharf, d.h. sie beruht auf Wahrscheinlichkeit, denn es kommt bei allen Lebewesen nicht darauf an, ob der Raum wirklich ein vorn und hinten, rechts und links, oben und unten hat. Lediglich der Richtungsvektor zwischen Selbst und Anderem ist von Bedeutung.

Diese vier Lebenszwecke bzw. Zustandsfunktionen sind im PRESTELON-Prozess noch mit den vier Gravitationspotenzialen kombiniert. Daraus resultieren die vier elementaren Veränderungsprozesse der Information, Energie, Wirkung und Ordnung, die jeweils wieder in vier Prozessfunktionen analog zu den Zustandsfunktionen unterschieden werden können.

Wie bereits oben dargestellt, kann sich aus den insgesamt 16 Veränderungsprozessen der PRESTELON-Organismus in der Gestalt eines Torus ausbilden. Seine räumliche Ausdehnung und die seiner Prozessfunktionen hängen dann nur noch von der Ausdehnung der zugrunde liegenden Schwingungsereignisse, also von ω_i bzw. D_i ab. Danach richten sich auch die Gestalt- und Funktionsteile der Lebewesen, die aus vielen PRESTELON-Organismen zusammengesetzt sind. So ist z.B. die Funktion eines Fußgelenks bei einer Maus und beim Elefanten die gleiche, obwohl sich ihre räumlichen Ausdehnungen gewaltig unterscheiden (Isofunktionalismus).

Das Ausdehnungsverhältnis zwischen Gestalt und Prozessfunktion lässt sich jedoch nicht beliebig vergrößern. Deshalb gibt es auch gleiche Gestalten, die unterschiedliche Funktionen besitzen (Isomorphismus). Auch bei Kristallen können gleiche Gestalten und Funktionen auftreten wie bei lebenden Organismen! Nach Lima-de-Faria sind das Mineralien-, das Pflanzen- und das Tierreich homologe Konstruktionen.

Damit sind die trüben Kenntnisstände über die Information und die ausdehnungslosen Elementarteilchen aufgeklärt. Information als Unbestimmtheit und Bestimmtheit, als potenzielle und kinetische Komplementarität, als Veränderung und Selektion ist schon in den allerkleinsten physikalischen Teilchen enthalten. Aber jedes dieser Teilchen ist in Wirklichkeit ein Schwingungsereignis. Viele solcher Schwingungsereignisse können sich im PRESTELON-Prozess selbst zu PRESTELON-Organismen organisieren, aber niemals sind sie ohne Ausdehnung in Raum und Zeit. Und immer sind sie auch von einer irreversiblen Zeitfunktion abhängig, „immer werdend, nie seiend" (Whitehead).

Die Bausteine des Lebens, die Gene, brauchen jetzt nicht mehr einfach aus dem Nichts erscheinen, sondern können tatsächlich selbstorganisierend aus den elementaren Veränderungsprozessen entstehen, Information, Energie, Wirkung und Ordnung austauschen, selbst wieder vergehen und dadurch leben, weil auch die Bauelemente der Gene schon immer so gelebt haben. Aber die Frage wie Leben entsteht, bleibt immer noch unbeantwortet.

Lebensentstehung aus Zufall oder Notwendigkeit?

Seit den bahnbrechenden Entdeckungen von Louis Pasteur über Mikroorganismen ist der Glaube von der Urzeugung des Lebens weitestgehend zusammen gebrochen. Heute ist es unbestritten, dass sich neues Leben nur aus bestehendem Leben entwickeln kann. Damit bleibt aber das Geheimnis ungelüftet, wie das erste Leben entstanden ist. Physiker und Chemiker haben für den Ursprung des Lebens immer wieder Erklärungshypothesen entwickelt und damit auch im Labor versucht, künstliche Organismen aus unbelebter Materie zu kreieren, die sich komplett selbst zu replizieren vermögen. Bisher ist man über das Versuchsstadium kaum hinausgekommen.

Nach B. O. Küppers „glaubte J. Monod, daß die Existenz des Lebens auf einen einzigartigen Zufallsprozeß zurückzuführen sei, der sich aufgrund seiner extrem niedrigen A-priori-Wahrscheinlichkeit mit an Sicherheit grenzender Wahrscheinlichkeit nicht noch einmal im Weltall wiederholt hat bzw. wiederholen wird. N. Bohr wiederum hatte in Verallgemeinerung seines Komplementaritätsprinzips gefordert, daß »das Leben an sich als Grundtatsache in der Biologie angenommen werden muß, für die es keine nähere Begründung gibt, ebenso wie das atomare Wirkungsquantum vom Standpunkt der klassischen mechanischen Physik ein irrationales Element darstellt«. W. Elsasser ging noch einen Schritt weiter und postulierte im Sinn des kritischen Neovitalismus die Existenz lebensspezifischer Gesetze, die die Lebensvorgänge in systemerhaltender Weise ausrichten, die aber nicht auf physikalische Gesetzmäßigkeiten reduzierbar sein sollen". [27]

Geht man von der Existenz einer höheren Intelligenz aus, so stellt die Schöpfung oder Kreation von Leben kein großes Problem dar, wenn man einen ausreichenden Glauben besitzt. Bei allen anderen Fällen gestaltet sich das Problem wesentlich schwieriger. Nach B.-O. Küppers lassen sich demnach alle wissenschaftlichen Versuche zur Lösung der Frage nach dem Ursprung des Lebens im Wesentlichen auf zwei Erklärungshypothesen reduzieren, nämlich die Zufallshypothese und die Vitalismushypothese.

Die Zufallshypothese geht von dem Standpunkt aus, dass ein lebendes System irgendwann einmal in der Ursuppe durch einen singulären Zufallsprozess entstanden sein kann. Diese Hypothese kann einerseits auf der phänotypischen Ebene der molekularen Maschinerie eines lebenden Systems aufgestellt werden und andererseits auf der genotypischen Ebene der biologischen Information. Die molekulare Maschinerie besteht im Wesentlichen aus dem zellulären Netz der Proteine, während die biologische Information in der detaillierten Abfolge der Bausteine des Erbmoleküls verschlüsselt ist.

Zur Bewertung der phänotypischen Ebene zitiert Küppers E. Wigner, der einmal abgeschätzt hat, wie wahrscheinlich nach den Gesetzen der Quantenmechanik eigentlich die Existenz einer selbstreproduktiven, molekularen Maschinerie ist: „Nach den Gesetzen der Quantenmechanik, so argumentiert Wigner folgerichtig, ist die zufällige Entstehung eines selbstreproduktiven Materiesystems infolge einer gigantischen Fluktuation beliebig unwahrscheinlich". [28]

Bei der genotypischen Ebene stellt Küppers folgende Frage: „Ist es möglich, daß biologische Information rein zufällig, das heißt quasi als Nebenprodukt, bei der spontanen Synthese eines DNS-Moleküls entsteht (DNS = deutsche Bezeichnung für DNA, **A**cid = **S**äure, A.d.A.)? …
Die Wahrscheinlichkeit dafür, daß unter den Zufallsprodukten eine Nukleinsäure mit einer ganz bestimmten Sequenz (zum Beispiel der eines Ur-Gens)

vorhanden ist, ist dann umgekehrt proportional zur Zahl aller (kombinatorisch) möglichen Sequenzen der betreffenden Kettenlänge.

Schon im einfachen Fall des Bakterienbauplans (zirka 4 Mio. Nukleotide) nimmt die Zahl der Sequenzalternativen die unvorstellbare Größe von $10^{2,4 \text{Millioen}}$ an. Die Erwartungswahrscheinlichkeit für die zufällige Entstehung eines Bakterienbauplans ist damit so niedrig, daß noch nicht einmal die Größe des Universums ausreichen würde, um eine Zufallssynthese des Bakterienbauplans wahrscheinlich werden zu lassen".[29]

Selbst, wenn man annimmt, dass der historische Prozess der Lebensentstehung vermutlich über wesentlich einfachere Lebensformen verlaufen ist, zeigt eine wahrscheinlichkeitstheoretische Analyse des Problems, „daß noch nicht einmal ein optimiertes Enzymmolekül in Form einer Zufallssynthese entstehen kann (Küppers). ...

Da sich nach den Gesetzen der Physik und Chemie keine der Sequenzalternativen bevorzugt bildet, wird sich unter Gleichgewichtsbedingungen immer eine beliebige Gleichverteilung der makromolekularen Sequenzen einstellen, wobei der Erwartungswert für ein informationstragendes Makromolekül praktisch Null ist. Im Rahmen der traditionellen Physik und Chemie bleibt die Existenz lebender Systeme offenbar ein Rätsel".[30]

Nach Küppers postuliert die Vitalismushypothese „die Existenz eines Algorithmus, der ein den biologischen Strukturen immanentes Gesetz verkörpert, welches den Aufbau der genetischen Baupläne instruiert. Einen Gesetzescharakter kann ein solcher Algorithmus aber nur dann haben, wenn die von ihm erzeugten Symbolsequenzen keine Zufallsfolgen sind, der Algorithmus selbst im Vergleich zu den von ihm generierten Symbolfolgen kompakter ist. Die von den vitalistischen Hypothesen postulierte Existenz solcher Kompaktalgorithmen kann nicht widerlegt werden, da ihre Nichtexistenz nicht beweisbar ist. Auf der anderen Seite ist im Rahmen vitalistischer Hypothesenbildung noch nie ein solcher Algorithmus konkret angegeben worden. Die vitalistischen Hypothesen stellen daher lediglich Scheinlösungen dar, die sich auf jeweils aktuelle Erkenntnislücken der Physik und Chemie stützen.

Halten wir also zwei grundlegende Grenzen objektiver Erkenntnis in der Biologie fest:

(1) Die Zufallshypothese ist aus prinzipiellen Gründen unbeweisbar.
(2) Alle vitalistischen Hypothesen sind aus prinzipiellen Gründen unwiderlegbar."[31]

Was ist damit gewonnen?

Garnichts, wenn es nicht gelingt, eine Vitalismushypothese zu beweisen. Hierzu ist ein grundlegender Prozess der Notwendigkeit erforderlich, der durchaus phasenweise dem Zufall unterliegen kann. Dann müsste ein Prozess, der elementare, lebende Organismen hervor bringt, von Notwendigkeit und Zufall beherrscht sein (s. Kap. 4.7 *Lösung der Rätsel von Zufall und Notwendigkeit*).

5.2 Die elementaren Organismen der Welt

„Künftige Generationen werden es wohl höchst merkwürdig finden, dass die Wissenschaft des 20. Jahrhunderts zwar Elementarteilchen entdeckt, aber die Möglichkeiten von elementaren psychischen Faktoren nicht einmal in Betracht gezogen hat."

Kurt Gödel zu seinem engen Freund Oskar Morgenstern

In Kap. 3.3 *Die Kreation von elementaren Weltorganismen* habe ich dargestellt, wie sich aus der Weltformel elementare PRESTELON-Organismen entwickeln können, wenn man die aktuelle Erkenntnis des elementaren Veränderungsprozesses der Information nicht außer Acht lässt (s. Kap. 3.4 *Veränderungsprozesse der Information*). Demnach bilden nicht statische Objekte oder Teilchen die Grundbausteine der Welt, sondern elementare Schwingungsereignisse, die sich mit einer Vielfalt von Eigenrhythmen aus den zyklischen Ableitungen der Gravitations- und der elektromagnetischen Prozesse zu den elementaren zyklischen Veränderungsprozessen der Information, Energie, Wirkung und Ordnung kombinieren.

Alle vier Zyklen sind vollständige 360° Rotationen und erzeugen in ihrer Vereinigung die räumliche Gestalt eines Torus, der sich in der irreversiblen Zeit fortbewegt und damit alle wesentlichen Funktionen für einen elementaren Organismus schafft (s. Abb. 3.3.3). Das ist das Vorbild für die vollständige 360° Drehung der Basenpaare in der DNA von irdischen Lebewesen und außerdem ist die Rotation generell die wesentliche Grundlage aller Lebensprozesse. Nur aus ihr können Schwingungsereignisse erzeugt werden.

Wie gezeigt, ergeben sich die Schwingungsereignisse der gravitativen Potenziale und der elektromagnetischen Zustandsfunktionen und damit auch die der Veränderungsprozesse ausschließlich aus mathematisch-physikalischen Relationen, die der Notwendigkeit unterliegen. Sie sind also nicht einfach vorhanden, sondern werden beständig und aktiv neu erzeugt. Ihre Größenordnung kann extrem klein, im Bereich der Plancklänge, aber auch extrem groß, im Bereich der Ausdehnung des Universums, sein. Das ist möglich, weil es im PRESTELON-Prozess kein Hierarchieproblem gibt.

Der PRESTELON-Organismus unterliegt auch zufälligen Einflüssen. Diese sind nicht durch Anfangs- oder Randbedingungen festgelegt, sondern werden hauptsächlich durch systeminterne Fluktuationen der VER- und KOM-Funktionen hervorgerufen. Dadurch besitzt jeder PRESTELON-Organismus eine offene Zukunft, die eine Möglichkeit schöpferischer Neuartigkeit eröffnet, aber auch den Zusammenbruch des Organismus ermöglicht. PRESTELON-Organismen sind den jeweils vorherrschenden Umständen nicht passiv unterworfen. Es kommt ihnen stattdessen eine (zumindest begrenzte) Selbständigkeit zu. Sie besitzen einen Spielraum für die aktive Gestaltung ihrer eigenen Struktur und Funktion wie auch für die Einflussnahme auf die Umgebungsfaktoren (Export in der KOM-Funktion). Durch diese können sie jedoch auch selber beeinflusst werden (Import in der KOM-Funktion).

Das formale Schema eines PRESTELON-Organismus in Tab. 3.3.3 macht deutlich, dass die einzelnen elektromagnetischen Zustandsfunktionen (UNT, VER, KOM, IDE) im Zusammenspiel mit dem horizontalen Zyklus der Gravitationspotenziale (Dominanz → Beschleunigung → Geschwindigkeit → Ort) den vertikalen Zyklus der elementaren Veränderungsprozesse (Information → Energie → Wirkung → Ordnung) erzeugen. Außerdem ist ersichtlich, dass beide Zyklen in einem jeweils neuen Takt wieder in ihre Ausgangszustände zurückkehren, um sich von neuem zu wiederholen. Dabei entsteht der PRESTELON-Organismus in der Gestalt eines Torus nicht als substanzielles Einzel-Ding, sondern als synchroner Ding-Prozess (s. Tab. 3.3.3).

Ein PRESTELON-Organismus ist damit kein beständiges Element wie z.B. ein Materie-Teilchen in der Teilchenphysik, obwohl es in seinem Ortszyklus auch materielle Veränderungsprozesse aufweist (s. Abb. 5.2.1). Vielmehr ist er als zusammengehörige räumliche Einheit der gerichtete Ablauf eines Geschehens, d.h. schöpferisches Werden und Vergehen der organischen Natur. Jeder Taktzyklus führt im PRESTELON-Organismus funktionale Elemente der Neuartigkeit ein, die nicht in der – gravitativen wie elektromagnetischen – Vergangenheit enthalten waren. Auch kann ein PRESTELON-Organismus nicht auf eine Abfolge instantaner Zustände reduziert werden, da jeder Takt des Neuen eine Zeitspanne zum Entstehen benötigt und daraufhin wieder vergeht, um von anderen gefolgt zu werden. Der PRESTELON-Organismus stellt deshalb einen grundlegenden und nicht bloß abgeleiteten Vorgang von Leben in der Welt dar. PRESTELON-Organismen sind elementare psychische Faktoren im Sinne von mitbestimmenden Ursachen. In Wirklichkeit sind sie jedoch mehr. Sie sind körperlich-seelisch-geistige Lebensprozesse, die dem universalen Kreationsgesetz gehorchen (s. Kap. 3.2 *Das universale Kreationsgesetz*).

Durch das kohärente Zusammenspiel von elektromagnetischen Schwingungsereignissen (Zustandsfunktionen) und gravitativen Potenzialen (Masse- und Temperaturfunktionen) ergibt sich die Möglichkeit einer ständigen Wechselwirkung von Gestalt und Funktion in einem synergetischen, aber dennoch irreversiblen Prozess. Dabei wird deutlich, dass nicht nur die Masse, sondern auch in gleichem Maße die Temperatur einen elementaren Einfluss auf den PRESTELON-Organismus bzw. das Leben haben. Es können zwei unterschiedliche Fälle auftreten, je nachdem, ob beim Vektorprodukt $R''R$ in der KOM-Zustandsfunktion eine Resonanzbedingung vorherrscht oder nicht (s. Kap. 3.3, Tab. 3.3.1 und 3.3.2).

Ist die Resonanzbedingung – d.h. die Bedingung für die Systemerhaltung – erfüllt, dann organisiert sich der komplexe I-E-W-O-Prozess eines PRESTELON-Organismus von selbst und schafft sich damit seine eigene dauerhafte Torusgestalt. Diese Selbstorganisation ist immer von Entropieexport und von Informations- wie Energietransformationen begleitet, die Wirkung und Ordnung auf einer makroskopischen Skala erzwingen: die Bildung von makroskopischen Mustern (Morphogenese), der Fähigkeit zur Fortbewegung (d.h. weniger Freiheitsgrade!) usw. (s. Kap. 3.4 *Veränderungsprozesse der Ordnung, Wirkung, Energie und Information*).

In diesem Sinne wird Evolution in der Fachwelt heute bereits qualitativ als unbegrenzte Folge von Prozessen der Selbstorganisation verstanden. Im PRESTELON-Organismus sind diese Prozesse jedoch auch quantitativ formuliert und stellen den Beweis für eine Vitalismushypothese dar.

Wenn die Resonanzbedingung bzw. die Bedingung für die Systemerhaltung nicht erfüllt ist, tritt dagegen keine Selbstorganisation auf. Die Schwingungen durchdringen sich, dispergieren und verlieren sich im Chaos. Der PRESTELON-Organismus kann so auch sterben. D.h. er besitzt neben dem Erhaltungs- auch einen Todestrieb (s. Kap. 3.4 *Dekohärenz und Chaos außerhalb des Systems*).

PRESTELON-Organismen als autopoietische Systeme

Wie man aus der Tab. 3.3.3 sieht, bildet die Unterscheidungsfunktion UNT im PRESTELON-Organismus eine diagonale Folge. In dieser Folge sind alle UNT-Zustandsfunktionen innerhalb eines PRESTELON-Zyklus synchron und Veränderung über diesen Zyklus hinaus kommt nur durch die Kombination mit den Gravitationspotenzialen bzw. mit der damit verbundenen irreversiblen Zeit t_i zustande. Die diagonale Folge der UNT-Zustandsfunktion hat jedoch eine wichtige Bedeutung im PRESTELON-Organismus. Sie unterscheidet nämlich alle Zustandsfunktionen zwischen denjenigen, die mit dem Veränderungsfaktor $\frac{1}{\omega_g^4}$ multipliziert sind und denjenigen, die diesen Veränderungsfaktor nicht besitzen. Innerhalb des PRESTELON-Organismus wird also selbst wieder eine Unterscheidung getroffen. Damit ist ein PRESTELON-Organismus nicht nur ein funktioneller Zusammenhang von Eigenschaften und auch nicht nur ein Muster der Relationierung von Elementen, sondern eine sich rekursiv selbst herstellende und selbst erhaltende Unterscheidung, die Operationen ermöglicht, die sich ebenfalls wieder von einer Umwelt unterscheiden.

Nach H. R. Maturana lassen sich solche Geschöpfe als autopoietische, selbstreferentiell geschlossene Systeme beschreiben, die sich reproduzieren, indem sie mit Hilfe der Elemente, aus denen sie bestehen, das Netzwerk der Elemente reproduzieren, aus denen sie bestehen.[32]

Die Reproduktion des Systems ist eine Reproduktion der Unterscheidung, die es aus allem anderen ausgrenzt. Die Elemente des Systems sind die Zustandsfunktionen UNT, VER, KOM und IDE. Sie, und mit ihnen das System, entstehen und reproduzieren sich innerhalb der Eigenzeit (Zykluszeit eines Schwingungsereignisses), in dem die Unterscheidungen getroffen werden können, die das System aus allem anderen ausgrenzen. Nichts anderes versteht man unter operationaler Geschlossenheit: Alle Unterscheidungen, die das System aus seiner Umwelt ausgrenzen, sind Unterscheidungen, die es selbst trifft. Und insofern diese Unterscheidungen getroffen werden, reproduzieren sie das System. Das System kann nicht außerhalb seiner selbst operieren. Mit jeder seiner Unterscheidungen greift es auf die Unterscheidungen zurück, die es bereits getroffen hat, und auf die Unterscheidungen vor, die es weiterhin treffen muss, will es sich reproduzieren (Abb. 5.2.1).

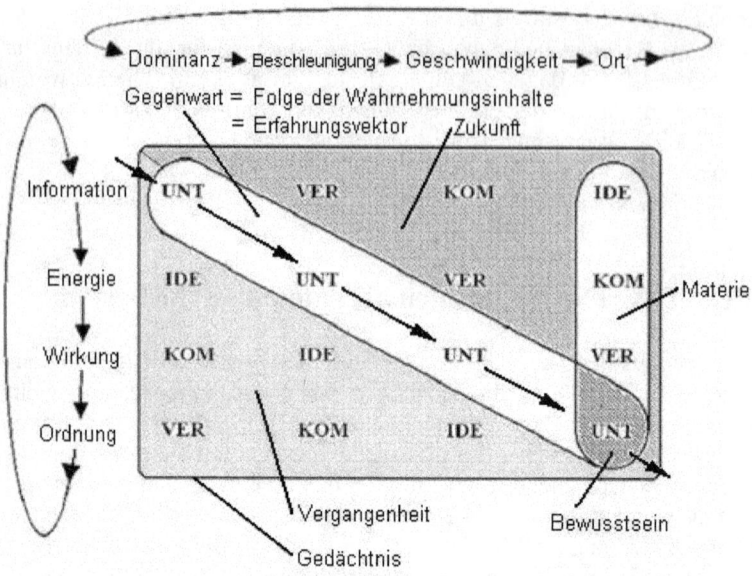

Abb. 5.2.1: Matrix eines raum-zeitlichen PRESTELON-Gedächtnisses

Vergangenheit, Gegenwart und Zukunft im PRESTELON

Warum erinnern wir uns an die Vergangenheit, aber nicht an die Zukunft? Ein zuverlässiges Gedächtnis erfordert eine geordnete Vergangenheit und einen irreversiblen Zeitverlauf in die Zukunft.

Die Begründung des Phänomens der Irreversibilität der Zeit auf das Verhältnis der gravitativen Potenziale Masse m und Temperatur T erlaubt eine objektive Deutung von Zeitpfeil und -zyklus (s. Kap. 4.1 *Bestimmung des irreversiblen Zeitpfeils*). Es hängt allerdings von den Zustandsfunktionen und den Veränderungsprozessen eines lebenden dynamischen PRESTELON-Organismus ab, ob mikroskopisch kleine Störungen makroskopisch relevante Wirkungen verursachen können. Und davon hängt es auch ab, ob Störungen in diesem Organismen einen Prozess der Entropievermehrung oder der Selbstorganisation in Gang setzen. In Kapitel 3.4 sind diese Prozesse ausführlich beschrieben. Dabei fällt auch Licht auf das Determinismusproblem, d.h. auf den scheinbaren Gegensatz von Notwendigkeit und Zufall. Diesem Gegensatz liegt die Existenz des psychologischen Zeitpfeils zugrunde, wie er in Kap. 4.1, Abb. 4.1.5 veranschaulicht ist.

Wie aus der Abb. 5.2.1 ersichtlich ist, besitzt jeder PRESTELON-Organismus eine diagonale UNT-Folge, die in wiederkehrenden Zyklen ständig erneuert wird. Diese Folge der Unterscheidungen stellt die Gegenwart dar. Sie trennt die Vergangenheit (Elemente links der UNT-Folge) von der Zukunft (Elemente rechts der UNT-Folge). Jedoch bilden alle drei Zeitmodi eine Einheit innerhalb jedes Zyklus, so dass ein PRESTELON-Organismus innerhalb dieser Zyklen gleichzeitig sowohl die Vergangenheit erinnern, die Gegenwart erleben, als auch die Zukunft erwarten kann. Das ist auch beim menschlichen Gedächtnis so.

Andererseits ist die Richtung zwischen Erinnerung und Erwartung durch den thermodynamischen Zeitpfeil vorgegeben. Da jeder PRESTELON-Organismus eine unterschiedliche innere Dauer besitzt und Organismussysteme sich aus vielen unterschiedlichen Zyklusdauern zusammensetzen, kann jedes organische Wesen auch viele psychologische Zeitpfeile besitzen, die alle durch subtile und komplexe Masse-Temperatur-Verteilungen miteinander über den thermodynamischen Zeitpfeil verknüpft sind.

Der irreversible thermodynamische Zeitpfeil ist damit eine Erscheinung der Notwendigkeit, weil er die universale Richtungstendenz bestimmt. Der psychologische Zeitpfeil muss aber nicht unbedingt immer dieser notwendigen Richtung folgen, sondern kann lokal, temporär und zufällig auch anders verlaufen. Der Zufall ist insofern eine Ergänzung der Notwendigkeit, als der notwendige thermodynamische Zeitpfeil immer zusammen mit dem psychologischen Zeitpfeil auftritt, d.h. die notwendig irreversible Tendenz wird stets durch zufällige und reversible Richtungsänderungen ergänzt.

Da gem (4.1.10) $\Delta t_i = \Delta m / \Delta T$ ist, kann sich sowohl aus der lokalen und temporären Veränderung der Masse- wie der Temperaturverteilung eine Veränderung der Richtung des psychologischen Zeitpfeils ergeben (s. Kap. 4.1, Abb. 4.1.5). Wenn man weiterhin gem. der t_i-Relation (4.1.10) beachtet, dass $t_i = mc^2/(Tc^2)$ ist, wobei mc^2 die Erhaltungsenergie und Tc^2 die Erhaltungsinformation (gem. der Veränderungsprozesse Energie und Information) sind, so kann man erkennen, dass Veränderungen des psychologischen Zeitpfeils auch aus der Variation von Energie und/oder Information erfolgen können. Dabei kann der psychologische Zeitpfeil auch angehalten und sogar umgekehrt werden.

Auch I. Prigogine hat herausgefunden, dass wir „zumindest lokal ... den Pfeil der Zeit für eine begrenzte Periode unterdrücken (können), doch wir müssen dafür einen Preis bezahlen: die experimentelle Verwirklichung des Informationszuflusses durch die Geschwindigkeitsumkehr. ...

›Zeitlich umgekehrte‹ Prozesse sind kurzlebige Prozesse, die lokal erzeugt werden können, wenn wir den ›Entropiepreis‹ bezahlen. Wir stoßen hier an eine der Grenzen unserer Möglichkeiten, die Materie zu manipulieren. Die Existenz dieser Grenze ist merkwürdigerweise ein wesentliches Element für das Verständnis der Irreversibilität in quantentheoretischen Systemen."[33]

Gedächtnis und Intention im PRESTELON-Organismus

Die gesamte Anordnung der 16 elektromagnetischen Zustandsfunktionen während eines ω_i-Zyklus ist der Speicher bzw. das Gedächtnis des PRESTELON-Organismus. Speicher bzw. Gedächtnis sind entsprechend Kap. 4.1 *Lösung der Raumrätsel* raumartig. Der Torus in Abb. 3.3.3 macht diesen Raum anschaulich und lässt gleichzeitig auch seine Zeitabhängigkeit erkennen. Diese raum-zeitliche Anordnung ist nicht willkürlich und zufällig so festgelegt, sondern notwendig aus der Weltformel entstanden, die aus der zeitabhängigen Raumzelle UNT = $R_g R^2$ den Zyklus der Gravitationspotenziale mit den elektromagnetischen Zustandsfunktionen selbst organisiert und dabei den abgrenzenden Zyklus der elementaren Veränderungsprozesse geschaffen hat. Solch einen abgegrenzten, selbständigen Schaffensvorgang nennt man Selbstorganisation. Er ist als raum-zeitliche PRESTELON-Gedächtnis-Matrix in der Abb. 5.2.1 dargestellt.

In Wirklichkeit ist diese Matrix das zweidimensionale Abbild einer dreidimensionalen, zeitabhängigen Torus-Gestalt, also ein Raum-Zeit-Prozess (s. Abb. 3.3.3), der – wie in Kap. 3.4 gezeigt – dem Metabolismus, d.h. der Stoffwechselerhaltung von Information, Energie, Wirkung und Ordnung, und in diesem Sinne der Selbstreproduktion und Mutation, also den drei Explikationsmerkmalen des Lebens gem. Kap. 5.1 genügt.

Es sei noch einmal besonders darauf hingewiesen, dass die in der Matrix dargestellten Elemente (= raum-zeitabhängige Zustandsfunktionen) während eines Zyklus nicht sukzessive in der Reihenfolge Vergangenheit → Gegenwart → Zukunft ablaufen, sondern alle gleichzeitig in der jeweiligen Gegenwart stattfinden. D.h., die Elemente der Vergangenheit sind erlebte Vergangenheitsfakten, die in der Gegenwart retrospektiv erinnert werden. Die Elemente der Gegenwart sind tatsächlich gegenwärtig erlebte Fakten und die Elemente der Zukunft sind gegenwärtig perspektivisch erlebte Prognosen, die für die Zukunft erwartet werden.

Eine wichtige Funktion des raum-zeitlichen PRESTELON-Gedächtnisses besteht darin, in der UNT-Folge fortlaufend die gegenwärtigen Wahrnehmungsinhalte auf der Grundlage von früheren Empfindungsinhalten in einen Erfahrungsvektor zu transformieren. Auf der anderen Seite dieses Erfahrungsvektors sollen die Ziele der jeweiligen Verhaltensstrategie für die Zukunft berücksichtigt werden. D. H. Ingvar hat hierfür schon früher den Begriff des Gedächtnisses für die Zukunft geschaffen (memory of the future).

Aus der Abb. 5.2.1 wird ersichtlich wie die drei Gedächtnisse im PRESTELON-Organismus zusammenarbeiten. Der Erfahrungsvektor ist das Gegenwartsgedächtnis. In jedem Prozesszyklus beinhaltet es die vier möglichen Unterscheidungsfunktionen (UNT-Folge) aller gegenwärtigen Wahrnehmungsinhalte. Im gleichen Prozesszyklus befindet sich links vom Erfahrungsvektor das Gedächtnis für die Vergangenheit, in dem eine VER-, zwei KOM- und drei IDE-Zustandsfunktionen die Empfindungen für die Wahrnehmungsinhalte erinnern können. Rechts vom Erfahrungsvektor befindet sich das Gedächtnis für die Zukunft. Es besitzt drei VER-, zwei KOM- und eine IDE-

Zustandsfunktion mit denen die Erfahrung die Zukunft erwartet. Das PRESTELON-Gedächtnis ist kein statisches Erkenntniszentrum, das seinen Standort niemals wechselt, sondern besteht aus dynamischen, die Welt durchwandernden Erkenntniszyklen, in deren jeweiligen Zyklusdauern gleichzeitig die drei Zeitmodi Vergangenheit, Gegenwart und Zukunft gespeichert sind.

Ein größeres Organismussystem kann aus mehreren abgegrenzten Organismen und deren Umwelterfahrungen bestehen. Wie in Kap. 3.3 *Die elektromagnetischen Prozesse* gezeigt, ist jedoch mit der KOM-Zustandsfunktionen gewährleistet, dass diese Grenzen offen sind, d.h. eine Kommunikation zwischen den Organismen und mit der Umwelt nicht nur möglich ist, sondern dabei auch alle vier Veränderungsprozesse beteiligt sind. Insofern ist ein Organismussystem teilweise selbstorganisiert und teilweise – durch die Kommunikation mit der Umwelt – fremdorganisiert.

Die Selbst- oder Fremdorganisation ist nicht starr für alle Zeiten feststehend, sondern wird im Zyklus der Schwingungsereignisse ständig neu geschaffen. Das bedeutet, dass in diesem Zyklus die drei Gedächtnismodi des PRESTELON-Organismus immer wieder neu geboren und dabei auch von innen (selbst-) oder von außen (fremd-) manipuliert werden können. Außerdem unterliegt im Verlauf der Zeit die selektierte Erfahrung im Gedächtnis wegen dem Dominanzpotenzial einer Reduktion. D.h. der Gedächtnisinhalt schwindet (s. Kap. 3.4 *Selektionsinformation*, Abb.3.4.25).

Die Folge davon ist, dass die Inhalte nicht exakt konserviert werden. Ein PRESTELON ist also kein Archivspeicher des vergangenen Lebens, sondern ein willfähriger Organismus zur Bewältigung der Gegenwart. Es versucht, das Selbst zu stärken und den Zufälligkeiten der eigenen Lebensgeschichte im Rückblick Gestalt und Funktion bzw. Sinn zu geben.

Der Journalist Christian Weber schreibt in der Süddeutschen Zeitung, dass in der modernen Gedächtnisforschung beim menschlichen Gehirn – das als Super-PRESTELON-Organismus-System aufgefasst werden kann – genau dieses Verhalten beobachtet wird: „Historische Zeitzeugen neigen dazu, ihre eigenen Erinnerungen mit später rezipierten Medienberichten und fiktiven Darstellungen in Romanen und Kinofilmen zu vermengen – und die so erzeugte Mischung für einen eigenen Gedächtnisinhalt zu halten. ...

Zahlreiche Studien und Experimente der letzten Jahre belegen, dass gerade das autobiografische Gedächtnis eben nicht in Stein gemeißelt ist. Vielmehr scheint es so zu sein, dass sich die Gedächtnisinhalte bei jedem Abruf verflüssigen. Sie stehen dann bereit, auf dass ihr Besitzer sie reguliert, filtert, teilweise löscht oder erweitert und umschreibt, um sie dann in der veränderten Form neu abzuspeichern, so wie einen Text, an dem man arbeitet. ...

Das ist der Grund, wieso der Sommerurlaub mit jedem Erzählen schöner wird und die geangelten Fische in der Erinnerung selbst nach dem Verzehr weiter wachsen. ... Manchmal lügt nicht der Zeuge, sondern sein Gedächtnis."[34]

PRESTELON-Organismen bzw. Organismussysteme besitzen einen Rand oder genauer gesagt eine Schale, die einen Raum umfasst, die Torusgestalt gem. Abb. 3.3.3. Sie ist gleichzeitig ihre Grenze und spezifiziert das Gedächtnis in bestimmter Weise. Weil es sich dabei um eine Selbstbegrenzung handelt, ist auch die Organismusgrenze ein Element des PRESTELON-Prozesses. Auch die VER-Zustandsfunktionen sind Elemente dieser offenen Grenze, wenn sie durch Wechselwirkungen sogenannte »Bifurkationen« bzw. Frequenzverdopplungen erzeugen, die den Übergang zum Chaos herstellen. Dadurch können PRESTELON-Organismen beeinträchtigt werden oder auch sterben. Alle PRESTELON-Organismen haben eine endliche Dauer. Aber auf die gleiche Weise kann auch neues Leben geboren werden, d.h. neue PRESTELON-Organismen können sich immer wieder aus dem Prozess der Frequenzverdopplung gem. der Elementarprinzipien entwickeln (s. Kap. 3.2 *Die vier Elementarprinzipien der Veränderung*).

Alle Vorgänge des PRESTELON-Organismus (d.h. die Zyklen seiner Zustandsfunktionen) sind gerichtet, d.h. sie besitzen eine Intentionalität, die von Zyklus zu Zyklus gleichsam Spuren ihrer Neigung hinterlässt. In Verbindung mit dem irreversiblen thermodynamischen Zeitpfeil resultiert daraus eine eindeutige raum-zeitliche Richtungstendenz. Das ist der Grund, warum auch die DNA von irdischen Lebewesen einen eindeutigen Richtungssinn hat. Die Richtungstendenz des PRESTELON-Organismus beginnt während eines Zyklus immer mit Information und Dominanz, geht dann über in Energie und Beschleunigung, danach in Wirkung und Geschwindigkeit und endet letztlich in Ordnung und Örtlichkeit. Doch ist jedes Ende eines Zyklus der Anfang eines neuen – d.h. Ordnung und Örtlichkeit gehen im nächsten Zyklus wieder in Information und Dominanz über usw. Der Ursprung jeder Art von Erkenntnis, bis hin zu den höchsten Formen menschlicher Erkenntnis, ist solch eine Art von Intentionalität, d.h. die Eigenschaft auf etwas gerichtet zu sein, was man nicht selbst ist. Man sagt, dass diese Eigenschaft nur organischen Systemen zukommt.

Wie die Abb. 5.2.1 zeigt, nimmt das Gegenwartsgedächtnis im PRESTELON-Organismus breiten Raum ein. Die diagonale UNT-Folge ist nicht zeitfrei, sondern hat – wie die Folgen der anderen Zustandsfunktionen – eine Zyklusdauer $D_i = 2\pi/\omega_i$. Es gilt H. Bergsons Erkenntnis, dass „die Dauer ein stetiger Progress des Vergangenen ist, der die Zukunft annagt und im Vorwärtsschreiten anschwillt". Die Glaubensgemeinschaft der Physiker hält die Gegenwart dagegen gewöhnlich nur für einen Punkt in der physikalischen Zeit. Tatsächlich ist sie jedoch ein Akt der Unterscheidung bzw. Entscheidung, der sich nicht ohne räumliche und zeitliche Ausdehnung ereignen kann. Somit ist die Vergangenheit das in der Identität (IDE) unterschiedene bzw. entschiedene und die Zukunft das in der Veränderung (VER) noch ununterschiedene bzw. unentschiedene.

Zu diesem Ergebnis kommt auch E. Wolf-Gazo, wenn er sich auf Whiteheads Prozess und Realität stützt: „Die Gegenwart ist ein Entscheidungsakt in seiner Unmittelbarkeit. Da das Sein des Ereignisses im Sich-Ereignen besteht, ist es mit dem Ende gleichsam aus der Welt, und es wäre ein Nichts, wenn es nicht bewahrt würde. Dieser Akt des Bewahrens muß unmittelbar mit dem vorange-

gangenen Ereignis verknüpft sein und darf nicht als durch einen Hiatus, gleichsam eine Pause, vom vergangenen Ereignis getrennt vorgestellt werden, weil jenes in der Pause unwiederbringlich verschwunden wäre. ...
Das Vergehen eines Ereignisses ist der Ursprung eines anderen:»... Vergehen ist daher der Beginn des Werdens. Wie die Vergangenheit vergeht, macht aus, wie die Zukunft entsteht.«"[35]

Das ist richtig erkannt und qualitativ hervorragend beschrieben, aber quantitativ kann es nur mit Schwingungsereignissen funktionieren wie ich sie im PRESTELON-Prozess dargestellt habe. Denn wirkliche Ereignisse sind auch im PRESTELON-Gedächtnis Schwingungsereignisse.

Damit lässt sich das Geschehen im PRESTELON-Gedächtnis fiktiv auch als „Strom der Zeit" begreifen, weil ein Strom sich von der Vergangenheit in die Zukunft bewegt und weil seine räumliche Breite die zeitliche Tatsache des Zugleichseins veranschaulicht. Dann kann mit der Richtung des Zeitstroms auch die Intentionalilät des PRESTELON-Gedächtnisses veranschaulicht werden. Hier taucht jedoch ein Problem auf, weil die Intentionalität scheinbar zwei entgegengesetzte Richtungen haben kann.
Zum einen können wir mit dem Strom der Zeit mitgerissen werden wie es Wilhelm Busch in seinem Vers „Eins, zwei, drei im Sauseschritt, läuft die Zeit, wir laufen mit" ausdrückt. Das bedeutet, dass wir mit der Zeit vorwärts von der Vergangenheit in die Zukunft laufen.
Zum anderen kann man genauso gut von einem Kommen oder Näherrücken der Zukunft sprechen wie es Friedrich Schiller in »Sprüche des Konfuzius« ausführt: „Zögernd kommt die Zukunft herangezogen, pfeilschnell ist das Jetzt verflogen, ewig still steht die Vergangenheit." Hier schauen wir dem Kommenden entgegen, wobei das Zukünftige immer näher rückt, durch die konkrete Gegenwart hindurchströmt und sich schließlich in der Vergangenheit verliert. Das bedeutet, die Zeit strömt rückwärts.[36]

Der Widerspruch löst sich auf, wenn man zwei unterschiedliche Zeitauffassungen verwendet, die objektive und die subjektive Zeit oder, wie bereits im Kap. 4.1 *Bestimmung des irreversiblen Zeitpfeils und Zeitzyklus* dargestellt, den thermodynamischen und den psychologischen Zeitpfeil.
Beim thermodynamischen Zeitpfeil fließt die Zeit objektiv von der Ursache (Vergangenheit) zur Wirkung (Zukunft). Die Gegenwart ist ein ausdehnungsloser Zwischenpunkt. Ihr fehlt die Beziehung zum erlebenden Organismus. Diese Beziehung wird im PRESTELON-Organismus hergestellt. Sie ist jedoch subjektiv, weil das Erleben dort zum beweglichen Zentrum des Geschehens wird und Dauer besitzt. Oder, wie die Psychologen sagen, das Erleben auf ein dauerndes Ich oder Selbst bezogen ist. PRESTELON-Organismen leben. Sie sind immer auf ein dauerndes Ich oder Selbst bezogen und besitzen deshalb auch immer Ausgedehntheit und Intention.

Nach Ansicht des Wissenschaftstheoretikers E. Oeser ist „echte Intentionalität eine Eigenschaft von Systemen, die nicht nur selbst Teile der Welt sind, sondern auch andere Teile dieser Welt als artspezifiche Umwelt haben". Er meint: „Eine solche Differenzierung ist nur dadurch möglich, dass sich ein Subsystem der realen Welt von allen anderen Teilen des Universums dadurch isoliert, dass es ein internes Modell seiner Umgebung in sich produziert. Dazu aber sind nur lebende Organismen fähig: Wie einfach eine solche interne Repräsentation auch ausfallen mag und auf welche Art und Weise, mit oder ohne Nervensystem sie stattfinden mag, so ist doch bereits grundsätzlich damit eine Stufe von Intentionalität erreicht, bei der man schon von einer in verschiedene Gegenstände ausdifferenzierten Umwelt sprechen kann."[37]

Die Differenzierung der Umwelt geschieht im PRESTELON-Gedächtnis durch seinen Erfahrungsvektor, d.h. durch die Folge seiner Unterscheidungsfunktionen, die Empfindungen und Wahrnehmungen in Erfahrung transformieren (s. Kap. 5.3 und 5.4). Dieser Vektor endet in jedem Zyklus als Bewusstsein, wenn Ordnung im Zyklus der Gravitationspotenziale lokalisiert und materialisiert werden kann (s. Kap. 5.5 *Bewusstsein im PRESTELON-Organismus*).

PRESTELON-Organismen sind deshalb lebende, raum-zeitlich ausgedehnte und intentionale Systeme. Aus ihnen bildet sich die organische Welt.

5.3 Empfindung und Wahrnehmung im PRESTELON

Empfindungen werden umgangssprachlich synonym zu Gefühlen, Affekten oder Emotionen betrachtet. Alle diese Begriffe bezeichnen unmittelbar gegebene Sinnesinhalte (Sinnesdaten). Das Empfinden ist dann die sinnliche Rezeption dieser Inhalte. Bei I. Kant sind Empfindungen „subjektive ›Erscheinungen‹ oder ›Anschauungen‹, durch deren begriffliche Deutung objektive Gegenstände allererst erzeugt werden" (K.d.r.V.).

Erkenntnistheoretisch werden Empfindungen bzw. deren Rezeption mehr oder weniger scharf von objektiven Gegenständen bzw. deren Wahrnehmung unterschieden. In rein sensualistischen Auffassungen fällt die Wahrnehmung von Objekten mit der passiven Aufnahme von Empfindungen zusammen. Generell wird jedoch Wahrnehmung als Bestimmungsstück der Grundlagen der Erkenntnis und damit als Prozess des Urteilens aufgefasst. Dem Erkenntnissubjekt wird bei der Wahrnehmung die Rolle zuerkannt, Empfindungen zu ordnen oder zu verdeutlichen (z.B. bei G.W. Leibniz, J. Locke, D. Hume)[38].

In der alltäglichen Auffassung ergibt sich Wahrnehmung aus der Bewertung, der Empfindung und der körperlichen Veränderung. Woraus letztlich bewertete Empfindungen körperliche Veränderungen hervorrufen sollen. Diese Abfolge drückt sich genau so auch im PRESTELON-Organismus in der zyklischen UNT-Folge der Wahrnehmungsinhalte aus (s. Abb. 5.2.1).

Dem französischen Philosophen Maurice Merleau-Ponty eröffnete die Anerkennung dieses Zirkels einen Raum zwischen Ich und Welt, zwischen Innen und Außen. In seiner Phänomenologie der Wahrnehmung schreibt er: „Beginne ich einmal zu reflektieren, bezieht sich meine Reflexion auf eine unreflektierte Erfahrung und kann sich darüber hinaus nicht als ein Ereignis verkennen. Und so erscheint sie sich selbst als wahrhaft kreativer Akt, als Wandlung in der Struktur des Bewußtseins, und muß doch anerkennen, daß die Welt, die dem Subjekt damit gegeben ist, daß es sich selbst gegeben ist, Vorrang vor ihren Operationen hat. ... Wahrnehmung ist nicht Wissenschaft von der Welt, ist nicht einmal ein Akt, eine wohlerwogene Stellungnahme; sie ist der Hintergrund, von dem sich alle Akte abheben und den sie voraussetzen: Die Welt ist nicht ein Objekt in dem Sinne, daß das Gesetz ihrer Schöpfung mein Besitz wäre; sie ist die natürliche Szene und das Feld für alle meine Gedanken und meine deutlichen Wahrnehmungen. ...

Die Welt ist unabtrennbar vom Subjekt, von einem Subjekt jedoch, das selbst nichts anderes ist als ein Entwurf der Welt, und das Subjekt ist untrennbar von der Welt, doch von einer Welt, die es selbst entwirft."[39]

Im PRESTELON-Organismus unterliegt der erste Wahrnehmungsinhalt im Zyklus der Gegenwart, die Bewertung, dem informationalen Veränderungsprozess. Damit die informationale Wahrnehmung zu Wirkung gelangen kann, ist Empfindung erforderlich. Empfindung erzeugt zwei Wahrnehmungsinhalte: zum einen energetische und zum anderen wirkliche. Demnach werden der zweite und dritte Wahrnehmungsinhalt im Zyklus der Gegenwart von den Veränderungsprozessen der Energie und Wirkung beherrscht. Der vierte und letzte Wahrnehmungsinhalt im Zyklus muss dann dem Veränderungsprozess der Ordnung gehorchen, was sich in der bewussten körperlichen Veränderung ausdrückt (s. Abb. 5.2.1).

William James drehte die Reihenfolge der letzen drei Wahrnehmungsinhalte einfach um und plädierte in seiner »Feelings«-Theorie dafür, dass Empfindungen bloß subjektive Erlebnisse einer bestimmten Qualität und Intensität sind (»Feelings«). Wahrnehmung soll sich dann aus der Bewertung, der körperlichen Veränderung und der Empfindung (als Bewusstsein der körperlichen Veränderung) ergeben. Oder mit James' provokativer Formulierung ausgedrückt: „Wir weinen nicht, weil wir traurig sind, sondern wir sind traurig, weil wir weinen."[40]

Für die Philosophin S. A. Döring ist eine entscheidende Prämisse dieser Theorie, dass die Bewertung der Gesamtsituation ..., welche die körperliche Veränderung auslöst, selbst kein integraler Bestandteil des Gefühls bzw. der Empfindung ist.

Döring schreibt: „Genau hier setzt die Kritik moderner Gefühlstheoretiker an. Nach ihrer Meinung umfasst ein Gefühl stets eine bestimmte Repräsentation, eine Bezugnahme auf die Welt – etwa im Falle der Furcht die Bewertung einer Gefahr und im Falle der Trauer die Einschätzung eines Verlustes. Diese Repräsentation kann entweder fehlgehen oder korrekt sein; somit werden Gefühle zu kognitiven geistigen Inhalten, die ihrem Träger Wissen über die Welt vermitteln. Das ist der Grundgedanke des sogenannten Kognitivismus, der die Renaissance des Gefühls ausgelöst hat und die Gefühlstheorie seit den 1970er Jahren beherrscht."[41]

Das James'sche „Feeling" wurde vom Kognitivismus marginalisiert oder sogar vollständig ausgelöscht. Erst Whiteheads organistische Philosophie fand einen einfachen Weg zurück zur alltäglichen Auffassung. Für ihn ist die einfachste Wahrnehmung das ›Empfinden des körperlichen Wirkens‹. Er schreibt: „Dies ist ein Empfinden der Welt in der Vergangenheit; es ist das Ererben der Welt als ein Komplex des Empfindens, nämlich das Empfinden abgeleiteter Empfindungen. Die spätere, verfeinerte Wahrnehmung ist das ›Empfinden der gleichzeitigen Welt‹. Selbst diese vergegenwärtigende Unmittelbarkeit beginnt mit der sinnlichen Vergegenwärtigung des gleichzeitigen Körpers."[42]

Repräsentation kontra ›Empfinden des körperlichen Wirkens‹

Wie passt das alles mit dem PESTELON-Organismus zusammen? Betrachten wir zunächst – in Anlehnung an Whiteheads Vorstellung – den Veränderungsprozess der Wirkung. Dann erkennt man, dass es im Vergangenheitsgedächtnis des PESTELON-Organismus sowohl eine direkte Repräsentationsmöglichkeit von Wirkung gibt, die mit „kognitiven geistigen Inhalten Wissen über die Welt vermitteln" könnte (s. Abb. 5.2.1, Zeile Wirkung, KOM-Funktion), als auch ein körperliches Wirken, das sich völlig selbständig als synchrone Verschränkung von bestimmter und unbestimmter Wirkung darstellt (s. Abb. 5.2.1, Zeile Wirkung, IDE-Funktion).

In der KOM-Funktion kann Wirkung als Emotion extern ausgetauscht werden, sie kann für eine bestimmte Dauer potenziell erhalten bleiben und sie kann über Resonanz mit der UNT-Funktion im Gegenwartsgedächtnis wechselwirken. Beim menschlichen Organismus kann es sogar soweit kommen, dass die emotionale Einflussnahme Werturteile fällt, die nicht nur besser und zuverlässiger als Vernunfturteile zeigen, was gut und richtig ist, sondern auch trotz gegensätzlicher Urteile bestehen bleiben.

Dagegen ist in der IDE-Funktion die Gesamtwirkung innerhalb des abgeschlossenen Systems gleich null, d.h. es kann keine Wirkung extern ausgetauscht, aber intern trotzdem W_B aus W_U akausal bestimmt werden, wobei die dafür erforderliche Energie durch Frequenzverdopplung gewonnen wird (s. Kap. 3.4 *Synchronizität* und *Quantenphysikalische Verschränkung*).

Das Repräsentationskonzept könnte also im PRESTELON-Gedächtnis in Bezug auf Wirkungsveränderung funktionieren. Was ist mit Whiteheads ›Empfinden des körperlichen Wirkens‹?

Die beiden chilenischen Biologen Humberto Maturana und Francisco Varela haben festgestellt, dass auch im menschlichen Nervensystem akausale Vorgänge stattfinden.

Francisco Varela schrieb 1987: „Das CGL (Corpus geniculatum laterale, A.d.A.) wird gewöhnlich als Relaisstation zur Hirnrinde beschrieben. Bei näherer Prüfung zeigt sich jedoch, daß der größte Teil dessen, was die Nervenzellen im CGL empfangen, nicht von der Netzhaut kommt (weniger als 20 Prozent), sondern aus anderen Zentren des Gehirns... Was das Gehirn von der Netzhaut erreicht, ist nur eine leichte Perturbation (Störung) im ständigen Summen interner Aktivität, die, in diesem Falle im Thalamus, (von Impulsen der Netzhaut) moduliert, aber nicht instruiert werden kann. Dies ist der Schlüssel. Um die neuralen Prozesse im Rahmen des Modells der Nichtrepräsentation zu verstehen, genügt es festzustellen, daß Perturbationen beliebiger Art, die aus dem Medium (der Umgebung) eintreffen, entsprechend den internen Zusammenhängen des Systems eingeformt (in-formed) werden."[43]

Bereits 1983 hatte Humberto Maturana erkannt, dass: „das Sehen nicht primär das Ergebnis von Mitteilungen der Netzhaut ist (die von vornherein schon etwas anderes sind als das Licht, das dort von den Rezeptoren aufgenommen wird), sondern das Resultat einer umfassenden internen Bearbeitung, die Daten von außen mit inneren Aktivitäten und Modellen korreliert."[44]

Beide Forscher sehen die Abgeschlossenheit des Systems sogar noch viel konsequenter, denn sie erkennen nicht an, dass überhaupt etwas von außen eintrifft. Das Ganze sei ein geschlossener Kreislauf, argumentieren sie. „Das Nervensystem ›empfängt‹ keine ›Information‹. Es bestehe aus einer sich selbst regulierenden Ganzheit, in der es weder Innen noch Außen gibt". Um das Überleben zu sichern, bringe es „vielmehr eine Welt hervor, indem es bestimmt, welche Konfigurationen des Milieus Perturbationen darstellen und welche Veränderungen diese im Organismus auslösen".[45]

Im PRESTELON-Organismus ist diese Welt eine innere Welt der Information und diese ist tatsächlich abgeschlossen, d.h. es gibt aus dem Vergangenheitsgedächtnis keinen Informations-Input in das Gegenwartsgedächtnis aber von diesem sehr wohl eine Kommunikationsmöglichkeit in das Zukunftsgedächtnis über Resonanz mit der KOM-Funktion (s. unten Abschnitt *Subjektivität der Veränderungsprozesse*).

Im Gegenwartsgedächtnis existieren nur emotionale Informationsprozesse bzw. dominante informationale Wahrnehmungen, denen keine direkten Empfindungen zugrunde liegen (s. Abb. 5.2.1, UNT-Funktion und gravitative Dominanz). Hier sind zwar bestimmte Wahrscheinlichkeitsbewertungen möglichen, es kann jedoch kein echtes Körpergefühl repräsentiert werden. Damit können emotionale Informationen nur zu »weltgerichteten Gefühlen« (Peter Goldie) im Zukunftsgedächtnis werden (KOM-Funktion) oder zu »geführten Bewertungen« (Bennett Helm) im Erfahrungsvektor.

PRESTELON-Organismus und Wahrscheinlichkeit

Im Veränderungsprozess der Information können weder das Repräsentations- noch Whiteheads Konzept vom ›Empfinden des körperlichen Wirkens‹ funktionieren. Neben den Wirkungs- und Informationsveränderungsprozessen gibt es im PRESTELON-Organismus aber auch noch die Veränderungsprozesse der Energie und Ordnung.

Der Veränderungsprozess der Energie spielt im Vergangenheitsgedächtnis nur als IDE-Funktion eine Rolle. Durch sie kann nur innerhalb des geschlossenen Systems Energie gewonnen bzw. energetische Emotion bestimmt werden, was den Organismus in die Lage versetzt, schneller und besser auf die komplexe und risikoreiche Lebenswelt zu reagieren. Wenn z.B. eine Gesamtsituation als Gefahr für Leib und Seele bewertet wird, kann die emotionale Energie ohne großen Zeitbedarf für Schutzhandlungen zur Verfügung gestellt werden. Aber im Gegenwartsgedächtnis kann die energetische Emotion nicht wahrgenommen werden, weil es im Vergangenheitsgedächtnis keine energetische KOM-

Funktion gibt, die mit der UNT-Funktion im Gegenwartgedächtnis in Resonanz treten könnte. Dies ist erst im Zukunftsgedächtnis möglich.

Letztlich wirkt sich im Gegenwartsgedächtnis des PRESTELON-Organismus doch immer die aus der Emotion herstammende körperliche Veränderung als Ordnungsprozess aus (UNT-Funktion und gravitative Lokalisation). Der kann aus dem Vergangenheitsgedächtnis von der KOM-Funktion beeinflusst werden (Austausch und Erhaltung von Ordnungsempfindungen).

Experimentell kann dieser Wahrnehmungsprozesse am einfachsten erforscht werden, weil er einer körperlichen Lokalisation zugänglich und deshalb eine bewusste Wahrnehmung ist, die auch Bewusstsein genant wird (s. Kap. 5.5 *Bewusstsein im PRESTELON-Organismus*).

Im menschlichen Organismus handelt es sich dabei um sog. Basiswahrnehmungen bzw. -emotionen wie z.B. Ekel oder Überraschung, denen meistens auch körperliche Veränderungen und spezielle Gesichtsausdrücke entsprechen.

Wie man sieht, gibt es eine Vielzahl von Wegen und Kombinationsmöglichkeiten, um im PRESTELON-Organismus Empfindungen aus dem Vergangenheitsgedächtnis als Unterscheidung im Gegenwartsgedächtnis wahrzunehmen. In all diesen Fällen werden die Wahrnehmungen zu Gegenständen der Erfahrung, und zwar unabhängig davon, ob ihnen objektiv-physische Reize oder subjektiv-psychische Sinnesempfindungen zugrunde liegen.

Daraus wird klar erkennbar, dass die körperliche Reaktion im Wahrnehmungs- und Erfahrungszyklus immer zuletzt kommt. Insofern ist das Alltagsverständnis richtig, dass Empfindungen Körperreaktionen auslösen und nicht umgekehrt Körperreaktionen Empfindungen wie es das James'sche Feelings-Konzept behauptet (s. Kap. 5.4 *Erfahrung im PRESTELON-Organismus*).

Dies bestätigt auch Whiteheads Erkenntnis, dass es einen körperlichen Komplex des Empfindens der gleichzeitigen Welt gibt. Dieser körperliche Komplex des Empfindens ist das letzte Element im Zyklus der Erfahrungsspur. Es ist im Gegenwartsgedächtnis vom Veränderungsprozess der Ordnung und dem gravitativen Ortspotenzial bestimmt. Nur im Veränderungsprozess der Ordnung kann körperlich, d.h. örtlich wahrgenommen und nur in ihm können diese Wahrnehmungen bewusst werden. Alle sinnlichen Wahrnehmungen konnten bei höheren Lebewesen nur in diesem Bereich entstehen.

Im elementaren PRESTELON-Organismus sind – wie beim scheinbar strukturlosen Bakterium – für die Wahrnehmung keine Sinne erforderlich. Diese entstehen erst später bei der Kooperation von vielen PRESTELON-Organismus-Systemen, die von den einfachsten pflanzlichen Zellen, mit denen z.B. über die Chloroplasten Sonnenlicht empfangen werden kann, bis zu den tierischen und menschlichen Sinnesorganen reichen. Generell können jedoch Wahrnehmungen sowohl das Ergebnis als auch das Geschehen von Vorgängen sein, in deren Verlauf subjektive Empfindungen als strukturierte Inhalte der Erfahrung wahrgenommen werden. D. h. die Erfahrungsurteile, in denen die subjektiven Empfindungen gegenwärtig und gegenständlich werden, sind zwar für das empfindende Subjekt absolut sichere Wahrnehmungen, können jedoch intersubjektiv weder bestätigt noch widerlegt werden. Dafür sorgt die Unterscheidungsfunktion UNT. Sie beurteilt auch, mit welcher Wahrscheinlichkeit

Vorgänge gleichartig, ähnlich oder ungleich sind. Das ist ein Selektionsprozess, aus dem folgt, dass Wahrnehmungserfahrungen von weiteren Überzeugungen des Wahrnehmenden (bzw. von weiteren Zustandsfunktionen des PRESTELON-Organismus) abhängen und entsprechend durch diese auch verfälscht werden können (z.B. Sinnestäuschung, Theorieabhängigkeit, s.a. Kap. 5.2 *Gedächtnis und Intention im PRESTELON-Organismus*).

Wegen des Wahrscheinlichkeitscharakters der UNT-Zustandsfunktion sind weder das Elementarverhalten noch das Entstehen von Ordnung oder die Emergenz neuer Qualitäten notwendig sicher vorhersagbar. Das impliziert auch, dass das bisherige Informationsverarbeitungsmodell wegen seiner rudimentären Form hierzu keine Lösung anbieten kann. Vielmehr muss berücksichtigt werden, dass in den Phasen der Instabilität, deren Erreichen von kritischen Fluktuationen abhängt (VER-Funktion), der PRESTELON-Organismus für geringste interne und externe Oszillationen und iterative Rekursionen offen ist. Nur im ortsabhängigen Phasenbereich können Stabilität bzw. Ordnung bewusst wahrgenommen werden. Aber auch hier nur als Wahrscheinlichkeiten.

Das entspricht dem Symmetriebruch in einem Phasenübergang, in dem immanente Ordnungszustände des PRESTELON-Organismus entfaltet und der Prozess der Emergenz neuer Qualitäten – wie ihn das Bewusstsein darstellt – in Gang gesetzt werden können (s. Abb. 5.5.1 *Beispiele der Selektionsordnung zu Wahrnehmung und Bewusstsein*).

Das ist etwas ganz anderes als eine deduktive Vorhersage des Systemverhaltens oder eine Beschreibung kognitiver Funktionen als Ordnungsparameter neuronaler Aktivität.

Subjektivität der Veränderungsprozesse

Stattdessen kann, in Anlehnung an Whiteheads Erkenntnisse, die Welt als eine Solidarität vieler PRESTELON-Organismen betrachtet werden. Jeder PRESTELON-Organismus kann in den vier elementaren Veränderungsprozessen Information, Energie, Wirkung und Ordnung für die Bestimmung von Empfindungen und Wahrnehmungen liefern. Die Bestimmung von Empfindungen geschieht dann mit den Zustandsfunktionen VER, KOM und IDE im Vergangenheitsgedächtnis, während Wahrnehmungsinhalte durch einen selektiven Prozess in den Unterscheidungsfunktionen UNT erzeugt werden, mit dem Ziel, die informationalen, energetischen, wirkenden und ordnenden Wahrnehmungen in die Einheit der einen, individuellen Erfahrung im Gegenwartsgedächtnis zu kumulieren.

Hierzu ist eine grundlegende, allgemeine und intentionale Operation des Übergehens von der Objektivität der Gravitations- und elektromagnetischen Prozesse zu der Subjektivität der Empfindungen und Wahrnehmungen erforderlich. Diese lassen sich damit in die vier elementaren Veränderungsprozesse klassifizieren, die ein Übergehen in Subjektivität zur Folge haben. Wie aus der Abb. 5.2.1 ersichtlich ist, sind dies:

- Wahrnehmungen von Information und gravitativer Dominanz im Gegenwartsgedächtnis,
- Empfindungen von Energie und gravitativer Dominanz im Vergangenheitsgedächtnis (IDE), die nicht in Wahrnehmungen von Energie und gravitativer Beschleunigung im Gegenwartsgedächtnis übergehen,
- Empfindungen von Wirkung und gravitativer Dominanz und Beschleunigung im Vergangenheitsgedächtnis (KOM, IDE). Nur die KOM-Empfindungen können in Wahrnehmungen von Wirkung und gravitativer Geschwindigkeit im Gegenwartsgedächtnis übergehen, die IDE-Empfindungen können nicht ins Gegenwartsgedächtnis übergehen.
- Empfindungen von Ordnung und gravitativer Dominanz und Beschleunigung und Geschwindigkeit im Vergangenheitsgedächtnis (VER und KOM und IDE). Auch hier können nur die KOM-Empfindungen in Wahrnehmungen von Ordnung und gravitativer Örtlichkeit im Gegenwartsgedächtnis übergehen, die VER- und IDE-Empfindungen jedoch nicht.

Im nächsten Zyklus wiederholt sich alles von neuem.

Das ist ein iterativ rekursiver Empfindungs- und Wahrnehmungsprozess bzw. eine Zirkulation der Erfahrungsakte. Man sieht, dass der Wahrnehmungsprozess der Information durch keine Empfindungen aus dem Vergangenheitsgedächtnis beeinflusst wird. Informationale Wahrnehmung hat in jedem Zyklus ihre eigene abgeschlossene Welt (s. oben Abschnitt Repräsentation kontra ›Empfinden des körperlichen Wirkens‹). Aber in jedem neuen Zyklus steht das im vorangegangenen Zyklus geordnete und materiell verortete Bewusstsein als neuer informationaler Erfahrungsakt für die Bewertungen von Empfindungen zur Verfügung

Die Unterscheidungsfunktionen UNT sind in den vier elementaren Veränderungsprozessen des PRESTELON-Organismus die kleinsten Inhalte des selektiven Wahrnehmens eines Subjekts, das Teile einer Vergangenheit zu einem einheitlichen gegenwärtigen Erfahrungsvektor aktiviert. Aber als empirisch funktionale Unterscheidungen sind diese Inhalte keine deterministischen, sondern vielmehr Wahrscheinlichkeiten. Der PRESTELON-Organismus muss diese Wahrnehmungsinhalte ständig in jedem Akt des Wahrnehmens auf der ihm entsprechenden Funktionsstufe herstellen. Die Wahrnehmungsinhalte entstehen somit im PRESTELON-Organismus ständig neu und erzeugen dadurch den Erfahrungsvektor, der letztlich auch Bewusstsein schafft. Der zyklische Erfahrungsvektor ist nicht nur Teil der Welt, sondern gleichzeitig auch gegenwärtige Grenze zwischen vergangenen Retrospektiven und zukünftigen Perspektiven. Und diese Grenze kann auch, wegen des Zufallscharakters der UNT-Funktion, verwischt oder sogar vertauscht sein.

Solche subjektiven Einflüsse werden insbesondere bei außersinnlichen Empfindungen und Wahrnehmungen ersichtlich, mit denen bei Mensch, Tier und

Pflanze auch ohne Sinnesorgane Informationen über Personen, Ereignisse oder Dinge erworben werden können (z.B. in symbolischen oder realistischen Träumen, Halluzinationen, Ahnungen usw.). Bei Menschen können sie vor allem in der Telepathie (mittels bekannter Sinne nicht erklärbare Gedanken, Vorstellungen, Antriebe usw.) vorkommen. Oder sie können beim Hellsehen in die Zukunft und der Präkognition, dem Vorauswissen eines zukünftigen Ereignisses (z. B. bei Gefahrensituationen im Kriege oder bei Unfällen, Todesfällen und Naturkatastrophen), gewonnen werden.

Außersinnliche Empfindungen und Wahrnehmungen scheinen jedoch alle den der Alltagserfahrung und der klassischen Physik gleichermaßen zugrundeliegenden Kausalitätsannahmen zu widersprechen. Demnach soll jedes Ereignis eine ihm vorhergehende Ursache haben, kein Ereignis soll eine Wirkung haben, bevor es stattfindet (Retrokausalität) und jede Beeinflussung eines Ereignisses durch ein anderes soll notwendigerweise mit einem Energietransport verbunden sein.

Wie schon oben aus der philosophischen Erkenntnis von M. Merleau-Ponty zitiert, sind Wahrnehmungen keine Ereignisse, weil sie – wie im vorangegangenen Abschnitt ausführlich erklärt – nur als Wahrscheinlichkeitsverteilungen dargestellt werden können. Demnach mag die Kausalität in der Teilchenvorstellung notwendigerweise gelten, aber in der Wellenvorstellung muss sie öfter dem Zufall weichen – wie bei der Ausbreitung von avancierten elektromagnetischen Wellen und bei den Verschränkungen der Quantenphysik gezeigt wurde.

5.4 Erfahrung im PRESTELON-Organismus

Nach der Vermutung von William James ist unsere Erfahrung entweder inhaltslos und ohne Veränderung oder sie hat ein wahrnehmbares Maß an Inhalt bzw. Veränderung. Er entscheidet sich für den zweiten Fall und behauptet, dass unsere Kenntnis der Realität buchstäblich mit Wahrnehmungskeimen oder -tröpfchen wächst. „Intellektuell und durch Reflexion kann man diese in Bestandteile zerlegen, aber als unmittelbar Gegebene kommen sie entweder alle zusammen oder gar nicht."[46]

Mit dem PRESTELON-Organismus lässt sich erkennen, dass die Behauptung von James sehr nahe an die Wirklichkeit herankommt, wenn man die zeitlich veränderlichen UNT-Zustandsfunktionen analog vereinfacht als Wahrnehmungskeime oder -tröpfchen bezeichnet. Dann kann man feststellen, dass der PRESTELON-Organismus ein Erfahrungsprozess ist, der in seinen Zyklen mit den bekannten vier elementaren Veränderungsprozessen stattfindet. In diesen sind die Zustandsfunktionen mit den Gravitationspotenzialen gekoppelt und alle kommen im Gegenwartsgedächtnis in dem einen zyklischen Erfahrungsvektor zusammen.

In seiner umgangssprachlichen Verwendung bedeutet Erfahrung die erworbene Fähigkeit sicherer Orientierung, das Vertrautsein mit bestimmten Handlungs- und Sachzusammenhängen ohne Rückgriff auf ein hiervon unabhängiges theoretisches Wissen. In dieser Form wurde bereits zum ersten Mal bei Aristoteles Erfahrung als ein im vor-wissenschaftlichen Bereich wurzelndes »Wissen des Besonderen« verstanden. Dieses setzt ein Vertrautsein mit und ein Beherrschen von Unterscheidungen voraus, die unmittelbar aus der Praxis des Unterscheidens hervorgehen.

Im PRESTELON-Organismus trifft dies in gleichem Maße zu. Der allgemeine Charakter der Erfahrung ist aus der Zyklusspur der gegenwärtigen Wahrnehmungen ersichtlich. Auch diese finden im raum-zeitlich abhängigen PRESTELON-Gedächtnis statt. Insofern sind Raum und Zeit tatsächlich die Bedingungen der Möglichkeit aller Erfahrungen wie es Kant gelehrt hat (s. Kap. 2.1 *Die Rätsel von Raum und Zeit*, Einleitung).

Im Erfahrungszyklus wird eine direkte Anschauung von Vererbung und Gedächtnis möglich. Der Gerichtetheit dieser Erfahrung liegt demnach zugrunde, dass Kausalität – durchaus aber nicht nur – als ein Element möglicher Erfahrung anzusehen ist, das nur in der Gegenwart in Bewusstsein übergehen kann. Daraus resultiert, dass es in der Gegenwart außer Erfahrung nichts gibt!

Diese Behauptung stellt auch Whitehead in *Prozess und Realität* auf: „Die Weise, in der ein wirkliches Einzelwesen durch andere wirkliche Einzelwesen qualifiziert wird, ist die ›Erfahrung‹ von der wirklichen Welt, die dieses wirkliche Einzelwesen als Subjekt macht. Das subjektivistische Prinzip besagt, dass das gesamte Universum aus Elementen besteht, die in der Analyse der Erfahrung von Subjekten enthüllt werden. Prozess ist das Werden von Erfahrung."[47]

Aus dem Erfahrungsprozess im PRESTELON-Gedächtnis (s. Abb. 5.2.1) lassen sich demnach folgende Erkenntnisse gewinnen:

- Jeder PRESTELON-Organismus speichert in seinem Gegenwartsgedächtnis Erfahrung als Wahrnehmungsinhalte, die durch Erinnerung an Empfindungen aus dem Vergangenheitsgedächtnis gewonnen werden.
- Gegenwart ist somit Unterscheidung (UNT)!
- Vergangenheit endet mit Identität (IDE)!
- Zukunft beginnt mit Veränderung (VER)!
- Komplementarität (KOM) ist das Tor für den Im- und Export von Empfindungen, die aus der Vergangenheit in der Gegenwart wahrgenommen und von dort als Erfahrung in die Zukunft prognostiziert werden.
- Daraus resultiert, dass Information nur im Gegenwarts- und Zukunftsgedächtnis existieren kann, jedoch nicht im Vergangenheitsgedächtnis.
- Dagegen kann Ordnung nur im Vergangenheits- und Gegenwartsgedächtnis existieren, aber nicht im Zukunftsgedächtnis.
- Drittens ergibt sich daraus, dass Ordnung und Information im Gegenwartsgedächtnis unmittelbar zur Einheit der zyklischen Erfahrung zusammengeschlossen sind. Bewusst gewordene Ordnung bzw. Bewusstsein geht im Folgezyklus immer direkt in Information über.

Erfahrung und Datum

Das bedeutet, dass durch die Wahrnehmungsinhalte die objektivierten Daten aus der Vergangenheit (Empfindungen) in die Abgeschlossenheit der gegenwärtigen Erfahrung transformiert werden (s. Kap. 3.4 *Unbestimmte Information*).

In Kap. 3.4 Unbestimmte Information habe ich bezüglich des Datums Whiteheads Vorstellungen zitiert, die aussagen, dass einerseits der Charakter eines wirklichen Einzelwesens letztlich von seinem Datum beherrscht wird und andererseits das Datum, das eine bloße Potenzialität ist, in seinen eigenen wechselseitigen Zusammenhängen steht.

Ich ergänze hier Whiteheads Vorstellungen in Bezug auf Erfahrung: „Die Erfahrung hat einen Vektorcharakter, ein gemeinsames Maß an Intensität und spezifische Formen von Empfindungen, die diese Intensität vermitteln. Wenn wir den Begriff einer quantitativen emotionalen Intensität durch ‚Energie' ersetzen und den Begriff ‚spezifische Formen des Empfindens' durch ‚Energieform', und uns dann daran erinnern, dass ‚Vektor' in der Physik für eine eindeutige Übertragung von anderswoher steht, sehen wir, dass diese metaphysische Beschreibung der einfachen Elemente in der Beschaffenheit von wirkli-

chen Einzelwesen absolut mit den allgemeinen Prinzipien übereinstimmt, nach denen die Begriffe der modernen Physik konzipiert sind. ...
    Die direkte Wahrnehmung, durch welche das Datum im unmittelbaren Subjekt von der Vergangenheit ererbt wird, kann daher, mit einer Abstraktion, als die Verlagerung von emotionalen Energiestößen aufgefasst werden, die in Gestalt der spezifischen Formen auftreten, für welche die Sinnesgegenstände sorgen."[48]

    Das ist nicht alles, denn wir wissen aus dem PRESTELON-Organismus bereits mehr. Nicht nur emotionale Energiestöße bzw. -kräfte werden mit dem Erfahrungsvektor als Daten übertragen, sondern auch Informationssignale, Wirkungsimpulse und Ordnungsmomente. Nur mit allen vier Veränderungsprozessen kann Abgeschlossenheit hergestellt und können Entscheidungen aus den Erfahrungsunterscheidungen getroffen werden.

    Hierzu weiter ergänzend Whiteheads Erkenntnisse: „Die »Abgeschlossenheit«, die ein wirkliches Einzelwesen »vorfindet«, ist sein Datum. ...
    Dieses Datum wird von der abgeschlossenen wirklichen Welt »entschieden«. Es wird von dem neuen, an die Stelle tretenden Einzelwesen »erfasst«. Das Datum ist der objektive Inhalt der Erfahrung. ...
    Daher ist das »Datum« die »entgegengenommene Entscheidung«, und die »Entscheidung« ist die »übertragene Entscheidung«. Zwischen diesen beiden Entscheidungen, der entgegengenommenen und der übertragenen, liegen zwei Phasen, nämlich der »Prozess« und die »Erfüllung«. Das Datum ist unbestimmt, was die endgültige Entscheidung angeht. Der »Prozess« fügt diejenigen Elemente des Empfindens hinzu, durch welche diese Unbestimmtheiten in bestimmte Verknüpfungen aufgelöst werden, welche die wirkliche Einheit eines individuellen wirklichen Einzelwesens herstellen."[49]

    Whiteheads wirkliche Einheit eines individuellen wirklichen Einzelwesens entspricht weitgehend dem PRESTELON-Organismus und die »Erfüllung« ist eine abschließende, vollständig bewusste Wahrnehmung, die als Bewusstsein bezeichnet wird. Das Bewusstsein ist vollständig bewusst hinsichtlich seiner Entstehung aus dem Erfahrungsvektor, hinsichtlich seiner Bedeutung für die Kreativität des Organismus und hinsichtlich seines kreativen Zwecks im Universum (s. Kap. 5.5 *Bewusstsein im PRESTELON-Organismus*).

Erfahrung und Entscheidung

    Ein Erfahrungsvektor gründet sich somit auf das gegenwärtige kohärente ›Gegebensein‹ im Zyklus der Unterscheidungsfunktionen UNT der vier Veränderungsprozesse. Für Whitehead verweist der Begriff des »Gegebenseins‹ über die jeweiligen bloßen Daten des Ereignisses hinaus. ›Gegebensein‹ bezieht sich bei ihm auf eine ›Entscheidung‹, in der das ›Gegebene‹ von dem, was für dieses Ereignis ›nicht gegeben‹ ist, abgesondert bzw. unterschieden wird.

Er schreibt: „Dieses Element des ›Gegebenseins‹ in den Dingen setzt eine Aktivität voraus, die für Begrenzung sorgt. Diese Aktivität wird als Entscheidung bezeichnet. Das Wort ›Entscheidung‹ impliziert hier kein bewusstes Urteil, obwohl das Bewusstsein an einigen Entscheidungen beteiligt sein wird. Das Wort enthält seine ursprüngliche Bedeutung von ›Abschneiden‹. Das ontologische Prinzip erklärt, dass jede Entscheidung auf mindestens ein wirkliches Einzelwesen bezogen werden kann, da losgelöst von wirklichen Einzelwesen nichts und nur nichts ist – ›Der Rest ist Schweigen‹.

Das ontologische Prinzip betont die Relativität der Entscheidung, danach veranschaulicht jede ›Entscheidung‹ die Beziehung des wirklichen Dings für welches sie getroffen wird, zu dem wirklichen Ding, das sie trifft."[50]

Wie schon erwähnt, sind Whiteheads rein qualitativ erdachten wirklichen Einzelwesen den PRESTELON-Organismen erstaunlich ähnlich, aber PRESTELON-Organismen unterscheiden sich von ihnen doch grundlegend durch ihre Funktionalität (Potenzial- und Zustandsfunktionen) und ihren quantitativ darstellbaren mathematisch-physikalischen Formalismus (elementare Veränderungsprozesse). Daraus wird ersichtlich, dass Whitehead seine Aussage, „dass losgelöst von wirklichen Einzelwesen nichts und nur nichts und der Rest nur Schweigen ist", zu begrenzt formuliert hat. Denn in Wirklichkeit gibt es im Universum neben den PRESTELON-Organismen noch unzählige Elementarschwingungen, - »Das Ding an sich« -, die vielleicht für den Menschen auch unhörbar sind. Aber dieses Meer von elementaren Schwingungen ist kein Nichts, denn nur aus ihm können sich die PRESTELON-Organismen unter bestimmten Bedingungen kreieren, wenn Kohärenz und Resonanz herrschen, und sie lösen sich wieder in elementare Schwingungen auf, wenn sie inkohärent werden (s. Kap. 3.3 *Die Kreation von universalen Weltorganismen*).

Von Whitehead selber soll die Aussage stammen, dass: „die Komplementarität von Kohärenz und Inkohärenz das Potential der Kreativität in der wirklichen Welt ist."

»Nichts« gibt es dabei nicht, denn »Nichts« ist Antisein. Aber ›Entscheidung‹ im Sinne von Whitehead gibt es sehr wohl. Und ich stimme ihm weitgehend zu, wenn er schreibt, dass „›Entscheidung‹ nicht als gelegentlicher Zusatz zu einem wirklichen Einzelwesen aufgefasst werden kann".

„›Entscheidung‹ begründet die ganze Bedeutung von Wirklichkeit. ...

›Wirklichkeit‹ ist die Entscheidung inmitten der ›Potentialität‹. Sie steht für die eigenwillige Tatsache, die nicht umgangen werden kann. Die reale innere Beschaffenheit eines wirklichen Einzelwesens begründet fortschreitend eine Entscheidung, aus der sich die Kreativität bestimmt, die die wirkliche Welt transzendiert."[51]

Aus dieser Erkenntnis heraus beschreibt Whitehead die Entscheidungsprozesse als Übergänge von der Vergangenheit in die Gegenwart. Sie kann als gute qualitative Erklärung für die Übergänge von VER-, KOM- und IDE-Empfindungen in Wahrnehmungsinhalte und Erfahrung dienen.

Whitehead: „In der ›transzendenten Entscheidung‹ vollzieht sich ein Übergang aus der Vergangenheit in die Unmittelbarkeit der Gegenwart; und in der ›immanenten Entscheidung‹ läuft ein Prozess der Aneignung einer subjektiven Form und der Integration von Empfindungen ab. In diesem Prozess wird die Kreativität, die überall in der Wirklichkeit universell vorhanden ist, durch das Datum aus der Vergangenheit charakterisiert; und er begegnet diesem toten Datum – das zu einer Eigenschaft der Kreativität verallgemeinert wird – mit der belebenden Neuheit einer subjektiven Form, die eine Selektion aus der Vielheit der reinen Potentialität darstellt. In dem Prozess trifft das Alte auf das Neue, und dieses Zusammentreffen begründet die Erfüllung eines unmittelbaren, besonderen Einzeldings. ...

Der Prozess offenbart eine unvermeidbare Kontinuität des Wirkens. Jede Stufe kündigt bereits ihren Nachfolger an, und jede nachfolgende Stufe trägt den Vorgänger in sich, aus dem sie hervorging."[52]

So viel aus Whiteheads organistischer Philosophie. Es ist eine erstaunlich gute, qualitative Beschreibung für die Bestimmung der Kreativität, wie sie im zyklischen Erfahrungsvektor (Folge der Wahrnehmungsinhalte) des PRESTELON-Gedächtnisses zur Unterscheidung kommt (s. Kap. 5.2 *Gedächtnis und Intention im PRESTELON-Organismus*). Aber zur wirklichen und wahren, quantitativen Beschreibung der Veränderungsprozesse eines PRESTELON-Organismus in Bezug auf Erfahrung und Entscheidung ist sie nicht geeignet.

Die „unvermeidbare Kontinuität des Wirkens" ist nur scheinbar gegeben, weil sie in der Wirklichkeit des PRESTELON-Prozesses innerhalb der Zyklustakte eingeschlossen ist, die sich nach außen nur als abgeschlossene Wahrscheinlichkeitsinhalte manifestieren können. Außerdem sind neben dem Veränderungsprozess der Wirkung auch noch die der Information, Energie und Ordnung zu berücksichtigen. Trotzdem lassen sich einige Übereinstimmungen erkennen, was erstaunlich ist, wenn man bedenkt, dass Whitehead vom PRESTELON-Organismus keine Ahnung haben konnte. So entsprechen z.B. seine ›Stufen‹ des Wirkens den Takten in den Veränderungsprozessen des PRESTELON-Organismus mit denen es im Verlauf der kosmologischen Zeit irreversibel von der Vergangenheit über die Gegenwart in die Zukunft fortschreitet und in denen stets das Alte auf das Neue trifft. In diesem Takt-Rhythmus sind innerhalb eines PRESTELON-Zyklus ständig Entscheidungen zu treffen.

Entscheidung bedeutet zuerst Unterscheidung mit der UNT-Zustandsfunktion. Sie ist für alle Veränderungsprozesse von Information, Energie, Wirkung und Ordnung möglich und sie kann über Resonanz mit der KOM-Zustandsfunktion gekoppelt sein. Aber sie ist immer mit Unsicherheit behaftet. Darüber hinaus ist auch eine externe Kommunikation zwischen PRESTELON-Organismen bzw. zwischen PRESTELON-Systemen möglich.

Die UNT-Zustandsfunktion spielt in Kap. 3.4 bei allen Veränderungsprozessen der Selektion eine Rolle. Dabei wurden in den entsprechenden Abbildungen die Schwingungsamplituden eines Doppelzyklus zufällig nur positiv begonnen. Er hängt in Wirklichkeit jedoch vom momentanen Takt der Zustandsfunktion und von zufälligen Resonanzen im PRESTELON-Prozess ab, so dass im Verlauf der irreversiblen Zeit t_i auch positive oder negative Oszillationen von ω-Zyklus zu ω-Zyklus entstehen können. Im Entscheidungsprozess muss man diese Oszillationen berücksichtigen (s. Abb. 5.4.1).

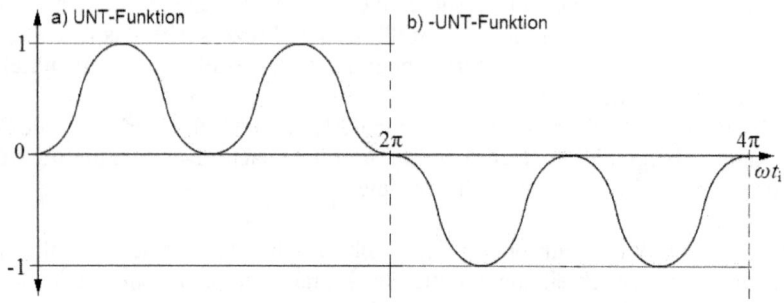

Abb. 5.4.1: Der Entscheidungsprozess mit der UNT-Funktion
 a) Wiederholung (Affirmation), *b)* Vorzeichenumkehr (Negation)

Die Abb. 5.4.1*a* zeigt den selektiven Verlauf einer UNT-Funktion, der sich speziell in der Wiederholung der Wahrscheinlichkeitsfunktionen ausdrückt (UNT = $\sin^2\omega t$). Es ist immer eine bestätigende Wiederholung erforderlich, um Redundanz bzw. „Wahrheit" dauerhaft zu selektieren (Affirmation).

„Die Wiederholung ist die einzige Form von Dauer, die der Natur zugänglich ist", sagt George Santayana. Und um mit F. Nietzsche zu sprechen: „Einer hat immer unrecht: aber mit zweien beginnt die Wahrheit. – Einer kann sich nicht beweisen: aber zweie kann man bereits nicht widerlegen."[53]

Ohne Unterscheidung ist keine Entscheidung möglich. Es kann jedoch vorkommen, dass die UNT-Funktion in einer Folgeperiode ihr Vorzeichen umkehrt, was einem gegenläufigen UNT-Schwingungsereignis entspricht (s. Abb. 5.4.1b). Das hat Auswirkungen auf den Entscheidungsprozess, denn es bedeutet ein Ersetzen des Einen (1 = Ja) durch seine Negation (-1 = Nein). Eine Entscheidung kann deshalb wahr oder falsch sein, bestätigt oder widerlegt werden. Das heißt sie kann sich umkehren. Zwischen den beiden Extremen liegt jedoch immer das Neutrale, der 0-Wert. Affirmation und Negation sind dual, transitiv und komplementär.

Der Kommunikationsprozess

Allein mit der UNT-Funktion können zwar Entscheidungen getroffen werden, aber es kann keine Kommunikation stattfinden. Denn in einer Kommunikation muss auch etwas erhalten bleiben bzw. gespeichert werden können, sonst hat sie keinen Sinn. Hierzu ist die KOM-Funktion erforderlich (s. Kap. 3.3 *Die Zustandsfunktion KOM als Komplementärfunktion*, Abb. 3.3.12). In der Abb. 5.4.2 sind die Auswirkungen einer Kombination von UNT- und KOM-Funktionen dargestellt.

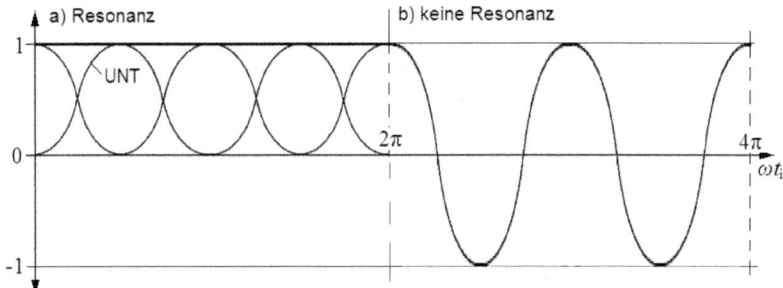

Abb. 5.4.2: Der Kommunikationsprozess mit der KOM-Funktion
a) bei Resonanz, *b*) keine Resonanz

Wie Abb. 5.4.2a zeigt ist in der KOM-Funktion immer auch die UNT-Funktion enthalten. Deshalb können sich beide Funktionen immer durch Resonanz beeinflussen. Es kommt jedoch darauf an, ob in der KOM-Funktion Resonanz herrscht oder nicht.

Der Verlauf der KOM-Funktion bei Resonanz ist als dicker, schwarzer Balken in der Abb. 5.4.2*a* eingezeichnet. Es gilt die Formel $\cos^2 \omega t + \sin^2 \omega t = 1$, woraus sich ein zeitlich konstanter Funktionswert ergibt, weil das UNT-Schwingungsereignis $\sin^2 \omega t$ komplementär zum Schwingungsereignis $\cos^2 \omega t$ ist. Allerdings wird diese Konstanz noch durch die gravitativen Potenziale beeinflusst. Das bedeutet, dass der Kommunikationsprozess Potenzialität besitzt: Erhaltung bzw. Speicherung der Prozessgrößen Wissen, Erkenntnis bzw. Erfahrung im PRESTELON-Gedächtnis durch die KOM-Funktion.

Zusätzlich findet im PRESTELON-Gedächtnis durch die KOM-Funktion auch ein Austausch der Prozessgrößen statt ($\cos^2 \omega t$), der die aktive Kommunikation erst ermöglicht. Hierzu können sich die KOM-Funktionen verschiedener PRESTELON-Organismen zu einem aktiven externen Kommunikationsnetzwerk zusammenschließen, das mit dem internen Informationspotenzial eines jeden PRESTELON-Gedächtnisses Information austauschen kann (s. Kap. 3.4 *Erhaltungsinformation*, Abb. 3.4.21).

Wissen bzw. Erfahrung ist potenzielle Information, aber ohne aktive Kommunikation gibt es weder Wissen noch Erfahrung. Die UNT-Funktion muss also zwischen potenziellen und aktuellen Prozessgrößen unterscheiden. Die aktuellen variieren tatsächlich, die potenziellen könnten es zwar, tun es aber nicht

Herrscht keine Resonanz (s. Abb. 5.4.2b), so ist der zeitliche Verlauf nicht mehr konstant und die KOM-Funktion wandelt sich in ein Schwingungsereignis mit Frequenzverdopplung um ($\cos^2 \omega t - \sin^2 \omega t = \cos 2\omega t$). Das bedeutet, dass der Kommunikationsprozess jetzt der Veränderungsfunktion VER (mit Phasenverschiebung) entspricht und deshalb nur noch Aktivität besitzt: Keine Erhaltung bzw. Speicherung der Prozessgrößen, sondern dauernde Veränderung bzw. reiner Informationsfluss bei dem kinetische Energie freigesetzt wird (Frequenzverdopplung), woraus auch Chaos entstehen kann.

Daraus wird ersichtlich, dass jede Entscheidung im PRESTELON-Organismus in einem Kommunikationsprozess stattfindet, der auf der Komplementarität von Potenz und Akt beruht. Solch eine komplementäre Kommunikationsrolle spielen auch die Gene bei der Proteinsynthese.

Der Soziologe Dirk Baecker beschreibt den Verlauf einer allgemeinen informationalen Kommunikation, die in dieser Form auch den Kommunikationsprozess des PRESTELON-Organismus in Bezug auf den elementaren Veränderungsprozess der Information direkt verständlich macht. Nach Baeckers Auffassung steht „jede Kommunikation vor der Wahl, an eine vorausgehende Kommunikation unter dem Gesichtspunkt der Selbstreferenz oder der Fremdreferenz anzuschließen, also entweder den Mitteilungscharakter oder die Information dieser Kommunikation zum Anknüpfungspunkt für weiteres zu machen."[54]

Die Selbstreferenz entspricht dabei der Potenzialität in der KOM-Funktion, die interne Erhaltung bzw. Speicherung und externen Austausch von Wissen ermöglicht. Da die Selbstreferenz auf Resonanz beruht, kann sich die Kommunikation auch aufschaukeln, unter Umständen bis zur Resonanzkatastrophe, die zu Streit und Bruch führen kann.

Im Gegensatz dazu entspricht die Fremdreferenz der Aktualität in der KOM-Funktion, die nur externen Informationsfluss erzeugt. In beiden Fällen nimmt die Kommunikation einen anderen Verlauf (s. Abb. 5.4.2a+b). Dass sie sich dabei selbst reproduziert ist gem. Baecker für die Kommunikation das Entscheidende.

Immer ist jedoch im nachfolgenden Kommunikationsakt die Entscheidungssituation wieder die gleiche wie zuvor. Der PRESTELON-Organismus kann wieder wählen: Entweder zwischen dem Anschluss an den externen aktualen Informationsfluss (Fremdreferenz) oder dem an die interne potenzielle Speicherung von Wissen (Selbstreferenz) – und diesmal kann die andere Entscheidung getroffen werden. Externer Informationsfluss statt interne Wissensspeicherung und umgekehrt. Damit wird die vorherige Entscheidung jedoch nicht rückgängig gemacht, weil die Kommunikationsereignisse irreversibel verschwunden sind. Aktuale Informationen wurden ausgesondert und in potenzielles Wissen bzw. Erfahrung gespeichert.

Die weitere Reproduktion der Kommunikation steht jetzt unter anderen Bedingungen. Sie ist mit anderen Erwartungen konfrontiert, die in die Zukunft gerichtet sind und somit aus dem Zukunftsgedächtnis des PRESTELON-Organismus stammen. Beim elementaren Veränderungsprozess der Information werden diese Erwartungen aus den Zustandsfunktionen VER, KOM und IDE geweckt, beim elementaren Veränderungsprozess der Energie aus den Zustandsfunktionen VER und KOM. In diesen beiden Veränderungsprozessen ist somit eine externe Kommunikation in die Zukunft möglich, d.h. neben der Veränderung auch eine Speicherung und ein Austausch der Prozessgrößen Information bzw. Energie.

Im elementaren Veränderungsprozess der Wirkung ist diese externe Kommunikation nicht mehr möglich, weil nur noch die Zustandsfunktion VER im Spiel ist, die dafür sorgt, dass Wirkung irreversibel und unwiederbringlich in die Zukunft verstreut wird (Abb. 5.4.2b). Auch beim elementaren Veränderungsprozess der Ordnung ist keine externe Kommunikation mehr möglich. Hier verschwindet die Prozessgröße entweder im Chaos oder sie wird als Bewusstsein erfahren und im nächsten Zyklus in dominante Information transformiert.

5.5 Bewusstsein im PRESTELON-Organismus

Der Psychobiologe Gerhard Langer ist der Meinung, dass „das vorherrschende Bewusstseinskonzept aus Laiensicht verwirrend ist: Man sagt »unbewußt«, wenn man bewusst, aber nicht selbst-bewußt meint. Das vorherrschende Bewußtseinskonzept ist ein Widerspruch in sich, welcher in der Alltagssprache zum Ausdruck kommt." [55]

Das vorherrschende Bewußtseinskonzept aus Psychologensicht ist nach Langer „eine Gehirnfunktion mit subjektivem Erleben". Langer zitiert die Definition von „Bewusstsein" aus dem Psychologiewörterbuch von DORSCH: „In der Psychologie (ist Bewusstsein, A.d.A.) die eigenartige Weise, in der Erlebnisse gegeben sind, das Haben von Erlebnissen, von seelischen Prozessen, die unmittelbar vom Subjekt erfahren werden, also von Wahrnehmungen, Erinnerungen, intellektuellen Vorgängen, Gefühlen, Strebungen, Willensprozessen und dgl." [56]

Aus Medizinersicht beinhaltet das vorherrschende Bewußtseinskonzept Bewusstseinsstörungen, die als Gehirnfunktionsstörungen aufgefasst werden. „Das vorherrschende Bewußtseinskonzept des Mediziners unterscheidet sich nicht wesentlich von dem des Laien, mit der Ausnahme, dass der Mediziner den mechanistischen Aspekt der sog. Gehirnfunktionen – bedingt durch die beobachteten »Störungen des Bewußtseins« – konzeptionell viel stärker in den Vordergrund bringt."
Das Bewusstsein wird als (Neben)Produkt der Gehirnfunktion erkannt, „doch bleibt es im allgemeinen erst der Untersuchung des Mediziners vorbehalten, zu gegebenem Anlaß einer »Bewußtseinsstörung« und im Einzelfall eines Patienten, das »Bewußtsein« ganz konkret mit pathologischen Gehirnbefunden zu »korrelieren«." [57]

Nachfolgend Langes Versuch, die Vielzahl unterschiedlicher Bedeutungen der vorherrschenden allgemeinen Bewusstseinskonzepte in sieben wesentlichen Funktionen aufzuzeigen: [58]

- *„Bewußt" sein meint wach sein.*
- *„Bewußt" sein meint erleben.*
- *„Bewußt" sein meint unterscheiden, entscheiden.*
- *„Bewußt" sein meint mitteilen.*
- *„Bewußt" sein meint aufmerken, bemerken.*
- *„Bewußt" sein meint wissen.*
- *„Bewußt" sein meint absichtlich, vorsätzlich, willkürlich handeln.*

Wie man sieht, setzen alle diese Funktionen die Tätigkeit eines Gehirns voraus. Auch die Funktion des Handelns muss vom Gehirn gesteuert sein, wenn sie absichtlich, vorsätzlich und willkürlich geschehen soll.

Wichtige charakteristische Eigenschaften des Bewusstseins gründen dabei auf den Selbstbezug, für den die Worte »Ich« und »Selbst« stehen: Selbstreflexion, Selbstanalyse usw. Daraus resultiert dann auch die Annahme, dass Bewusstsein das Wissen über das eigene Wissen sein muss, also auch etwas mit bestimmter Information zu tun hat.
Wie wir das Bewusstsein jedoch erleben, ist nach wie vor ein Rätsel. Man schreibt ihm zwar eine Zeitintegration zu, in der wir über die Vergangenheit in der Erinnerung und über die Zukunft in Form von Hoffnungen, Erwartungen, Ängsten, Absichten, Wünschen und Strategien verfügen, was alles im gegenwärtigen Zustand unseres Gehirns gespeichert sein soll. Aber für eine Definition des Bewusstseins sind diese Merkmale nicht hinreichend. Eine objektive Definition von Bewusstsein scheint grundsätzlich nicht möglich.

Im Jahr 1964 hat Ch. Sherrington, der Begründer der Synapsentheorie, resigniert die Auffassung vertreten, dass: „nach allem was sich wahrnehmungsmäßig über das Bewußtsein sagen lässt", dieses „gespenstischer als ein Gespenst einher" geht. „Unsichtbar, ungreifbar ist es ein Ding ohne jeglichen Umriß, es ist überhaupt kein ›Ding‹. Es bleibt unbestätigt durch die Sinne und bleibt es so für immer".[59]

Ein Jahr zuvor ist bereits der Philosoph L. Wittgenstein in seinem Tractatus logico-philosophicus zu dem Ergebnis gekommen – ohne dass darin das philosophische »Ich« überhaupt vorkommt –, dass Bewusstsein kein feststellbarer Teil dieser Welt ist. „Man kann daher darüber nicht sprechen. Und worüber man nicht sprechen kann, soll man eben schweigen (Tractatus 7)."[60]

Der Philosoph und Wissenschaftstheoretiker Erhard Oeser schreibt: „Das hat man auch tatsächlich getan. Sowohl in der Psychologie, zumindest im sogenannten Behaviorismus, der nur Aussagen über beobachtbares Verhalten von Mensch und Tier zuließ, als auch in der Philosophie, wo GILBERT RYLE mit seinem berühmten Pamphlet: *The Concept of Mind* (1949) das Gespenst des Bewußtseins aus der Maschine scheinbar für immer auszutreiben versucht hat. Danach waren jedenfalls alle sogenannten mentalistischen Ausdrücke suspekt geworden und zwar in dem Sinne, daß nur derjenige solche Theorien über das Bewußtsein aufstellen kann, der noch nicht bemerkt hat, daß sie auf dem unkritischen Gebrauch eines fiktiven Begriffsapparates beruhen (BIERI, 1981). ...
Die Situation hat sich geändert. Nicht nur in der Philosophie, wo sogar eine eigene »analytische Philosophie des Geistes« trotz RYLES Gespensteraustreibung entstanden ist, sondern auch in der Naturwissenschaft ist es wieder erlaubt, vom Bewußtsein, ja sogar vom »Ich« zu reden. Es kehrt sogar der klassische Dualismus zweier Substanzen im neurobiologischen Gewand der Gehirn-Geist Theorie des Nobelpreisträgers JOHN ECCLES wieder. Und nicht nur das, man schreibt sogar menschlichen Artefakten, Maschinen, die bestimmte Arten von Informationen besser und schneller als Menschen verarbeiten können, Bewußtsein zu. Und zwar mit dem Argument: Es wäre geradezu »Chauvinismus« (PUTNAM), wenn man behauptet, daß nur solche Apparate wie unser

Hirn, das aus Kohlenstoff, Wasserstoff, Proteinen usw. besteht, ausgerechnet allein nur Bewußtsein haben soll und eine Maschine, die aus elektronischem Material besteht, diese Fähigkeit nicht haben soll, obwohl sie unter Umständen sogar mehr leistet."[61]

Was können die Methoden bzw. Aussagen der Naturwissenschaft zur Erkenntnis über das Bewusstsein beitragen?
So gut wie nichts, meint der Mathematiker und Physiker Heribert Pietschmann!
Aber immerhin ist es dem medizinischen Psychologen Ernst Pöppel gelungen, Reaktionszeiten des menschlichen Gehirns auf bestimmte Reize zu beobachten. Daraus resultiert ein klarer Hinweis auf einen oszillatorischen Prozess, der der Reizverarbeitung zugrunde liegt. Pöppel ist der Überzeugung, dass diese Oszillationen das formale Gerüst bereitstellen, um Ereignisse zu identifizieren, sie zeitlich zu ordnen und Prozesse in verschiedenen Modulen zeitlich aufeinander zu beziehen.

Er schreibt: „Mit einem solchen neuronalen Oszillator steht dem Gehirn gleichsam eine Uhr zur Verfügung, die die Aktivität in den einzelnen Modulen synchronisieren kann. Diese Uhr könnte auch dazu genutzt werden, für das Gehirn jeweils auf etwa 30-40 ms beschränkt Systemzustände zu definieren, die auch als Grundlage für »Ereignisidentifikation« genutzt werden könnten. Innerhalb eines derartigen Systemzustands wäre es nicht sinnvoll, von einer Vorher-Nachher-Beziehung zu sprechen, da die zeitliche Ordnung von Ereignissen erst für Reizzustände, die weiter als etwa 30 ms auseinanderliegen, angegeben werden kann."[62]

Obwohl hier wieder das Ereignis Einzug hält, das M. Merleau-Ponty für die Wahrnehmung ja ausgeschlossen hat, ist Pöppels neuronaler Oszillator ein Schritt in die richtige Richtung. Auch im PRESTELON-Organismus oszillieren die Ereignisse synchron. Und da es Schwingungsereignisse aus elektromagnetischen Zustandsfunktionen sind, besitzen diese auch bestimmte Zyklusdauern, in denen keine Vorher-Nachher-Beziehungen unterscheidbar sind. Natürlich sind diese Ereignisdauern sehr viel kürzer als bei den neuronalen Populationen im menschlichen Gehirn, wo sich organische Systeme aus langen Ereignisketten von PRESTELON-Organismen bilden können, die bis zu einer bestimmten zeitlichen Grenze zu Wahrnehmungsgestalten zusammengefasst werden. Nach Pöppel liegt diese Grenze bei etwa drei Sekunden, wie auch aus zahlreichen weiteren Beobachtungen hervorgeht. Er meint, dass für längere Ereignisketten die Integrationskraft nicht auszureichen scheint und dass die Segmentierung unseres Verhaltens in „Drei-Sekunden-Portionen" somit ein universelles Phänomen sein könnte, das sowohl menschliche Wahrnehmung als auch Handlung kennzeichnet.

Daraus hat Pöppel eine pragmatische Definition des Zustandes „bewusst" abgeleitet. Er meint: „»Bewußt« ist jener Zustand, bei dem für jeweils wenige

Sekunden aufgrund eines integrativen Mechanismus des Gehirns »Mentales« repräsentiert ist, d.h. im Fokus der Aufmerksamkeit steht." [63]

Das ist eine typisch naturwissenschaftliche, d.h. stark reduktionistische Definition für Bewusstsein. Sie kann der Wirklichkeit nicht gerecht werden, weil sie sich nur auf die Erforschung des menschlichen Gehirns bezieht und das allgemeine organische Leben außen vor lässt.

Im Gegensatz dazu glaubt der Wissenschaftler und Philosoph Karl R. Popper, dass in einem materiellen Universum tote Materie mehr hervorbringen kann als tote Materie und deshalb auch das Bewusstsein, das menschliche Gehirn und den menschlichen Geist – wenn auch in langen evolutionären Schritten – hervorgebracht hat. [64]

Popper schreibt: „Wir können uns nur wundern, dass Materie so über sich selbst hinausgehen kann, dass sie Bewusstsein hervorbringt und Zwecke und Ziele, und schließlich die Welt der Erzeugnisse des denkenden menschlichen Geistes". [65]

Pöppel kommt schon etwas über das Wundern hinaus und der Wirklichkeit um einiges näher, wenn er schreibt: „Der Zustand »bewußt«, wie er hier konzipiert wird, mag wie eine mentale Insel im Fluß der Zeit erscheinen. Eine derartige zeitliche Inselhaftigkeit von Erlebnissen entspricht aber nicht der subjektiven Realität. Unser Erleben zeichnet sich durch Kontinuität aus. Diese Kontinuität ist aber Illusion, die sich aus der Verknüpfung aufeinander folgender Drei-Sekunden-Segmente ergibt. Die Verknüpfung aufeinander folgender Segmente erfolgt über den Inhalt des jeweils Repräsentierten. Was jetzt – und was jetzt gleich bewußt ist –, ist inhaltlich voneinander abhängig. Der jeweils folgende Zustand »bewußt« ist mitdeterminiert vom vorhergehenden. ...
Auf der Grundlage der hier vertretenen Auffassung, wie der Zustand »bewußt« beschrieben werden kann, ergibt sich auch ein Hinweis darauf, was man mit »Bewußtsein« meinen könnte. Bewußtsein kann dann als Folge einzelner Zustände »bewußt« verstanden werden." [66]

Das PRESTELON-Bewusstsein

Pöppels Auffassung deckt sich mit dem PRESTELON-Organismus, wenn man den Zustand »Bewusst« nicht als Folge einzelner statischer Momente betrachtet, sondern als Fluss bewusster Erlebnisse, deren Inhalte im zeitlichen Verlauf permanent wechseln. D.h. die Folge einzelner statischer Momente ist in der Wirklichkeit des PRESTELON-Organismus ein schwingender bzw. getakteter Bewusstseinsstrom in dem die Korrelation des gravitativen Ortspotenzials mit dem elementaren Veränderungsprozess der Ordnung die Erlebnisse erzeugt.

Diese Erlebnisse sind unmittelbar bewusste Sich-Selbstgegebenheiten, in denen Objekt/Welt und Subjekt/Ich ungeschieden präsent aber deshalb auch unreflektiert sind (keine Zukunftsentfaltung). Sie sind das Ergebnis der verschiedenen gegenwärtigen Wahrnehmungs- und der intentionalen Erfahrungsakte, die auf Gegenstände bzw. den Gegenstandszusammenhang in einer Welt oder auf das andere »Ich« gerichtet sind. Die Psychologen sagen, dass der Inhalt des Erlebnisses und die Vollzugsweise Erleben zusammen fallen, was durch die quantitative Formulierung als Produkt der UNT-Wahrscheinlichkeitsfunktion mit dem R_g-Ortspotenzial bestätigt wird (3.4.1).

Das bewusste Erlebnis ist im materialisierten Veränderungsprozess der Ordnung eingeschlossen und von der zukünftigen Außenwelt abgegrenzt. Kommunikation mit der Außenwelt kann nur über die KOM-Zustandsfunktion in der Vergangenheit stattgefunden haben und die daraus resultierenden Empfindungen können deshalb auch nur im Vergangenheitsgedächtnis des PRESTELON-Organismus gespeichert und durch Resonanz zwischen KOM- und UNT-Funktion als bewusste Erlebnisse wahrgenommen worden sein. D.h. jedes Erlebnis stammt von einem inneren Bewusstsein. Während die Psychologen oder Philosophen über das Bewusstsein im Allgemeinen sprechen, ist es jedes Mal ein ganz bestimmtes individuelles Bewusstsein, das über das Bewusstsein spricht.

H. Pietschmann schreibt: „Es gibt keine Aussage über das Bewußtsein, die nicht von einem Bewußtsein konzipiert wurde. Dann ist es aber schon fraglich, inwieweit die Logik überhaupt anwendbar ist, da in der Logik Selbstaussagen ausgeschlossen werden müssen."[67]

Bewusstsein ist also unlogisch, aber es erlaubt durch die KOM- und UNT-Zustandsfunktionen die Speicherung, Unterscheidung und Auswahl von Erlebnissen im Gegenwartsgedächtnis des PRESTELON-Organismus und macht diese somit bewusst. Nur innerhalb ihres Gedächtnisses und durch ihre Unterscheidungsmöglichkeit wird ihnen ein Wechsel in der Zeit erfahrbar. Damit besitzt auch das Bewusstsein sowohl reversible räumliche (ω) als auch irreversible zeitliche (t_i) Ausdehnung, die von der Gegenwart in die Zukunft fortschreitet.

W. James hebt in seinem berühmten Buch *The Principles of Psychology* hervor, dass das Bewusstsein immer eine Auswahl treffe. „Es ist stets an einer Seite eines Objekts stärker interessiert als an einer anderen, es begrüßt und weist zurück oder wählt aus, während es ständig denkt."[68]

Im Kap. 5.4 *Erfahrung und Entscheidung* habe ich aufgezeigt (Abb. 5.4.1), dass auf der Grundlage der Selektionsordnung (s. Kap. 3.4) und der UNT-Zustandsfunktion alle Unterscheidungs- bzw. Auswahlakte auf Abgegrenztheit, Affirmation und Negation beruhen. Dies gilt auch für das Bewusstsein.

Nach Whitehead wird im Bewusstsein „die Wirklichkeit als ein Prozess des Tatsächlichen mit den Potentialitäten integriert, die entweder veranschaulichen,

was ist und nicht sein könnte, oder, was nicht ist und sein könnte. Mit anderen Worten gibt es kein Bewusstsein ohne Bezug auf Abgegrenztheit, Affirmation und Negation. Auch schließt Affirmation den Kontrast zur Negation ein und Negation den zur Affirmation. ...
Bewusstsein ist die Art, wie wir den Kontrast zwischen Affirmation und Negation empfinden. ... Bewusstsein setzt voraus, dass das objektive Datum ein qualifiziertes Negativum (als eine Seite eines Kontrasts) einschließt, das einer abgegrenzten Situation zugewiesen ist."[69]

Hierzu nachfolgend als Beispiel drei Figuren, die bei längerer Betrachtung im Bewusstsein einen Gestaltwechsel auslösen. Alle drei Figuren ermöglichen eine Erkenntnis über die Einwirkung der Selektionsordnung auf das Bewusstsein und die – willkürliche – Wirkung der Konzentrationsleistung, denn Konzentration setzt immer Abgrenzung voraus (s. Abb. 5.5.1a, b, c)

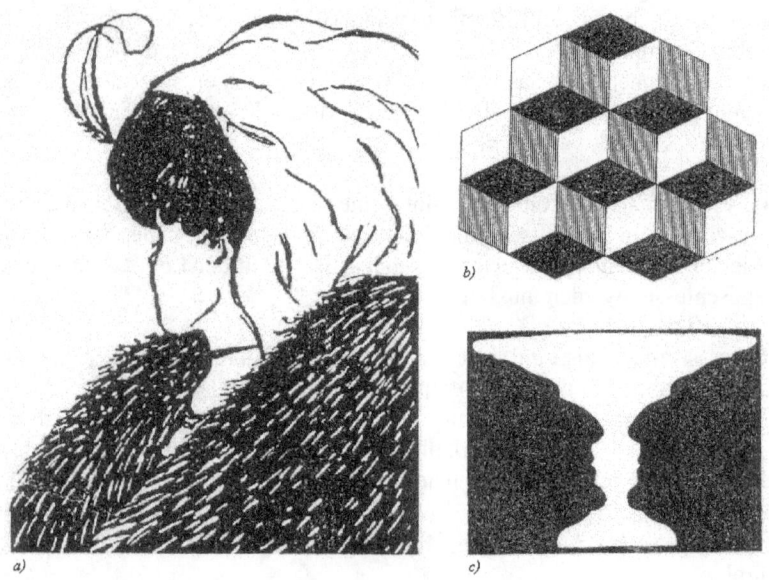

Abb. 5.5.1: Beispiele der Selektionsordnung zu Wahrnehmung und Bewusstsein
a) Wie alt ist diese Frau?
b) Der Nekersche Würfel (nach Wellek), *c*) Der Rubinsche Pokal

Betrachten Sie einmal die Abb. 5.5.1*a*. Das Bild hängt im Wissenschaftsmuseum „Exploratorium" in San Francisco. Es stammt ursprünglich von dem amerikanischen Psychologen E. G. Boring. Für wie alt halten Sie die darin abgebildete Dame? Oder vereinfacht gefragt: handelt es sich um eine junge oder um eine alte Frau? In Testversuchen hat man ermittelt, dass junge Betrachter in diesem Bild meistens zuerst die junge Frau und ältere die alte sehen.

Das Bewusstsein trifft also eine Entscheidung und wählt eine bestimmte Voreinstellung. Doch es kann sich nicht für beide Deutungen gleichzeitig entscheiden (Abgrenzung). Entweder man sieht die junge Frau oder man sieht die alte. Kennt man dagegen beide Deutungen, so kann man durch Konzentration leicht bestimmen, welche von beiden man sehen will. Die bewusste Konzentration auf eine Deutung ist aber nicht für beliebig lange Zeit möglich. Affirmation und Negation sorgen dafür, dass Sie, wenn Sie das Bild längere Zeit betrachten, abwechselnd in einem bestimmten Takt einmal die junge und einmal die alte Frau wahrnehmen.

Auf eine andere Weise geschieht derselbe Prozess bei der Betrachtung der Abb. 5.5.1*b*. Sind hier 6 oder 7 Würfel abgebildet? Auch hier ist das Bewusstsein wieder eine Frage von Abgegrenztheit (Konzentration), Affirmation und Negation. Im Takt sehen wir den Zerfall der Gestalt von 6 Würfeln und das Zusammenschließen der Linien zu einer neuen Gestalt mit 7 Würfeln und umgekehrt. Einmal haben wir den Eindruck, als ob wir die Würfel von oben und das andere mal, als ob wir sie von unten sehen.

Oder betrachten Sie das dritte Beispiel in der Abb. 5.5.1*c*. Sehen Sie einen Pokal oder zwei Gesichter? Tatsächlich sehen wir wieder beides. Aber nicht gleichzeitig, sondern abwechselnd im Takt. Im Takt wechselt einmal das Weiße in den Hintergrund, dann sehen wir zwei Gesichter und umgekehrt, bei schwarzem Hintergrund, sehen wir den Pokal.

Alle drei Beispiele zeigen wie Wahrnehmung und Bewusstsein als Veränderungsprozess der Selektionsordnung aus Abgegrenztheit, Affirmation und Negation entsteht. Die Abgrenzung erfolgt beim Damenbildnis entweder dadurch, dass wir einmal der weißen Fläche in der Mitte des Bildes die Bedeutung einer Wange, das andere Mal die einer Nase geben oder, dass man sich auf den Punkt des Bildes konzentriert wo sich das Auge der gewünschten Figur befinden soll. Solange die Bestätigung, d.h. die Affirmation, gelingt, bleibt dieser Eindruck erhalten. Gelingt er nicht mehr, dann erfolgt Negation – willentlich oder unwillentlich. Die Wahrnehmung erfährt dann eine andere Bedeutung. Beim Würfelbild beruht die Veränderung auf der Verlagerung der abgegrenzten schwarzen Flächen von der Decke zum Boden, beim sogenannten Rubinschen Pokal erfolgt die Abgrenzung durch die schwarze oder weiße Fläche, die als Vordergrund oder als Hintergrund wahrgenommen wird.

Wahrnehmungserlebnisse können daher nicht mehr als Ergebnis eines Abbildungsprozesses verstanden werden, sondern gewinnen durch die Selektionsordnung selbst den Charakter emergenter Qualitäten. Die Ordnung der Wahrnehmungswelt erscheint nicht länger als mehr oder weniger direktes Produkt einer vorgegebenen Reizlage, sondern wird als Endergebnis eines autonomen innerlichen Ordnungsprozesses des Systems aufgefasst. Das Wahrnehmungsphänomen der Multistabilität aus Abgegrenztheit, Affirmation und Negation – wie es die Abb. 5.5.1*a-c* zeigen – belegt diese Autonomie besonders eindrücklich und hat in der Gestaltpsychologie nicht zu Unrecht von Anfang an eine entsprechend große Bedeutung besessen.

Michael Stadler und Peter Kruse schreiben in ihrem Beitrag *Zur Emergenz psychischer Qualitäten*: „Da prinzipiell jede Wahrnehmung als multistabil betrachtet werden kann – jedes Reizmuster beinhaltet eine Figur-Grund-Entscheidung, und jede Kontur muss in ihren Begrenzungsfunktionen festgelegt werden (vgl. Kruse 1988, Kruse und Stadler 1990) –, ist das Wahrnehmungsphänomen der Multistabilität tatsächlich als paradigmatisch für den Prozess kognitiver Selbstorganisation anzusehen. Mit der Verallgemeinerung der Bedeutung der Multistabilität für Wahrnehmung allgemein wird deutlich, in welchem wechselseitigen Beeinflussungsverhältnis emergente Qualitäten wie Bedeutung und die basalen Prozesse der Objektkonstituierung stehen. Wahrnehmung ist kein »Bottom-up«-Geschehen. Die neuronale Dynamik des Wahrnehmungssystems, die von der energetischen Wirkung eines Reizmusters angeregt wird, führt zwar einerseits zur basalen Ordnungsbildung und zum Erkennen, die Bedeutungszuweisung wirkt aber andererseits auf die Dynamik des Wahrnehmungssystems zurück."[70]

Dies zeigt besonders die Abb. 5.5.1c: Zuweisung der Bedeutung Gesicht oder Pokal. Stadler und Kruse meinen hierzu: „Eine Bedeutungszuweisung, ein Gedanke ist gleichzeitig Produkt und Ordner der elementaren Dynamik des Nervensystems. Wahrnehmung z.B. ist als Selbstorganisationsprozess gleichzeitig bottom-up und top-down. In der Instabilität, beispielsweise in der Situation des Symmetriebruchs, sind minimale weitreichende Wechselwirkungskräfte von innerhalb oder außerhalb des Systems in der Lage, entscheidenden Einfluss auf die Ordnungsbildung auszuüben (vgl. von der Malsburg 1983). Im psychologischen Zusammenhang ergibt sich hier eine interessante Verbindung zur Möglichkeit suggestiver Beeinflussungen, für die gezeigt werden kann, dass ein Gedanke, also eine emergente Qualität des neuronalen Substrates, in der Lage ist, weitgehend die Funktion, ja sogar die materiellen Gegebenheiten dieses Substrates zu beeinflussen (vgl. Kruse und Stadler 1990). Suggestive Einflüsse können Halluzinationen ebenso hervorrufen wie manifeste organische Veränderungen. ...
Wie bereits ausgeführt, ist das Prinzip der Iteration in besonderem Maße geeignet, immanente Ordnungszustände eines Systems zu entfalten und den Prozess der Emergenz neuer Qualitäten analysierbar zu machen."[71]

Dabei ist der Übergang von Bewusstsein zu Information von großer Bedeutung. Wie bereits erwähnt, hat Bewusstsein innerhalb eines Erfahrungszyklus nicht direkt etwas mit Information zu tun, sondern mit dem Entgegengesetzten, d.h. mit Ordnung. Denn Bewusstsein besteht aus der Wahrnehmung von Ordnung und Örtlichkeit. Dieses Erlebnis hat bereits über die UNT-Funktion im Veränderungsprozess der Information, also schon im ersten Wahrnehmungsinhalt des Erfahrungszyklus, sehr viel Information ausgesondert. Erst im nächsten Zyklus geht der Ordnungsprozess des Bewusstseins wieder in den Informationsprozess über. So gesehen ist Bewusstsein die Voraussetzung für die Gewinnung von dominanter Information. Sich eines Erlebnismoments bewusst zu sein bedeutet deshalb, dass es vorüber ist.

Ein Beispiel ist das Werden von Funktion und Gestalt im Bewusstsein durch die menschlichen Sinnesorgane für sehen und hören. Lichtwellen einer bestimmten Frequenz bezeichnen wir z.b. als Farbe »grün« und Schallwellen einer anderen Frequenz z.B. als Kammerton »*a*«. Beide Bezeichnungen, ob Farbe »grün« oder Ton »*a*«, sind eine Überraschung. Man hätte sie ebenso gut als Farbe »gras« und als Ton »brumm« bezeichnen können. In Wirklichkeit handelt es sich dabei lediglich um unbestimmte Signale. Kein Auge kann die Farbe »grün« oder »gras« wirklich sehen und kein Ohr kann wirklich hören wie »*a*« oder »brumm« klingt. Wie kann es dann ein Bewusstsein über diese Phänomene geben?

Weil eine interne zyklische Kommunikation zwischen der Information, die von den Sinnesorganen aufgenommen wird, und der Geordnetheit des Bewusstseins stattfindet, kann man die Funktion der Sinnesorgane erkennen und sich auf eine bestimmte Bezeichnung für deren Signale festlegen. Damit kann man messen, wie viel Information der Bezeichnung »grün« und wie viel der Bezeichnung »*a*« durch die Sinne aufgenommen werden. Hierzu kann man die Anzahl der Rezeptoren der einzelnen Empfindungsorgane zählen – wie viele Sehzellen das Auge, wie viele Basilarmembran-Saiten das Ohr besitzt – und weiter – wie viele Riechzellen sich in der Nase, wie viele druckempfindliche Stellen sich auf der Haut und wie viele Geschmacksknospen sich auf der Zunge befinden. Ferner kann man errechnen, wie viele Nervenverbindungen vorhanden sind, die die Signale ins Gehirn leiten, und wie viele Signale jede dieser Bahnen pro Sekunde sendet.

Wie bereits in der Tab. 3.4.3 dargestellt, sind diese Zahlen sehr groß. Das Auge sendet pro Sekunde mindestens 10 Millionen bit ans Gehirn, die Haut 1 Million, das Ohr 100.000, der Geruchssinn weitere 100.000 und der Geschmackssinn ungefähr 1.000 bit. Insgesamt sind das mehr als 11 Millionen bit/s. Doch zur geordneten Gestaltbildung braucht das Bewusstsein sehr viel weniger. Durch die UNT-Funktion wurde nämlich soviel Information ausselektiert, dass nur noch ein paar Dutzend bit pro Sekunde übrigbleiben, welche die Information dominieren können. Die Tab. 3.4.3 zeigt, dass die Bandbreite des Bewusstseins viel geringer als die der Sinnesempfindung ist.

Mit den herkömmlichen teilchenphysikalischen Methoden hätte man nie erklären können, wie der Übergang von der Information der Sinnesorgane zur Geordnetheit des Bewusstseins funktioniert. Aber auf der Grundlage von Wellen ist das leicht möglich. Der Grund dafür ist Kohärenz. Hinter unserem Bewusstsein von »grün« verbirgt sich nämlich eine ungeheure Menge von redundant empfundenen Lichtschwingungen einer bestimmten Kohärenz und hinter »*a*« eine ungeheure Menge von redundant empfundenen Schallschwingungen einer anderen Kohärenz. Die UNT-Funktion unterscheidet und selektiert mit Hilfe der Kohärenz große Mengen von Information und ordnet sie zur Bewusstseinsgestalt. Bewusstsein hat also in einem viel größeren Maße mit kohärent empfundener als mit inkohärent empfundener Ordnung zu tun. Mit Whiteheads Worten kann man sagen: „Das Werden von Gestalt ist die Transformation von Inkohärenz in Kohärenz."[72]

Neuro-philosophische Erkenntnisse und PRESTELON-Bewusstsein

E. Oeser hat die neuro-philosophischen Erkenntnisse des Gehirn-Bewusstsein-Problems ausschließlich qualitativ in der Form der Wittgensteinschen Traktate beschrieben. Es sind allesamt Fiktionen und damit Rätsel, weil er so tut, „als ob" seine Traktate wirklich und wahr wären, aber sie nicht quantitativ beschreiben kann. Trotzdem wären sie, wenn sie beschreibbar wären, von großem Nutzen für die Lüftung der Geheimnisse des Bewusstseins. Ich werde deshalb nachfolgend Oesers rätselhafte neuro-philosophische Erkenntnisse vom menschlichen Gehirn – soweit es sich um Aussagen zum Bewusstsein handelt – im Vergleich zu den Erkenntnissen aus dem PRESTELON-Bewusstsein darstellen.[73]

1 Oeser: „Wenn es nach dem Glauben der Dualisten geht, gehört das Gehirn dem Ich." Oeser behauptet, dass es genau umgekehrt ist: „Das Ich gehört seinem Gehirn als bloß funktionale Realität an. Während man noch in alten Zeiten glauben konnte, daß der menschliche Geist als eigene Substanz unzerstörbar und unverändert aus jeder körperlichen Krankheit wieder auftaucht und auch den Tod des Leibes übersteht, weiß man heute aus der Neuropathologie, daß unser Selbstbewußtsein in die Materialität dieser Welt durch ihre untrennbare Verbindung mit dem Gehirn eingeflochten ist und daher von dessen Zustand, Krankheit oder Tod völlig abhängig ist."

PRESTELON: Da auch das PRESTELON-Bewusstsein auf Schwingungsereignissen beruht, muss es eine untrennbare Verbindung mit dem PRESTELON-Gedächtnis bzw. dem -Organismus eingehen. Das bedingt, dass es ebenso von deren Zustand, Krankheit oder Tod abhängig ist.

2 Oeser: „Alles Nichtempirische oder Metaempirische soll aus dem Empirischen durch kategoriale Transformation entstanden sein. Das gilt für das Bewußtsein ebenso wie seine abstrakten Leistungen. (Beiläufig gesagt: auch die natürlichen Zahlen sind nicht von Gott gemacht. Auch sie sind Menschenwerk. Aber einmal entstanden entwickeln sie ein Eigenleben.)"

PRESTELON: Auch das PRESTELON-Gedächtnis ist durch kategoriale Transformationen aus den Schwingungsereignissen des PRESTELON-Prozesses entstanden (s. Kap. 3.3, Abb. 3.3.3).

3 Oeser: „Das Prinzip der kategorialen Transformation von Hirnereignissen zu Bewußtseinsereignissen soll nicht das der „Serienkopplung" sein, sondern das der selbstorganisierenden Parallelschaltung. Aus der chaotisch fluktuierenden neuralen Information soll ein diskontinuierlicher

Phasenübergang oder Kategoriensprung zur mentalen Information durch wiederholte massive „Nebenläufigkeit" stattfinden. Die individuelle Struktur des Nervennetzwerkes soll also ganz im Sinne der sog. „Hebbschen Synapse" erst während und durch die Benutzung entstehen."

PRESTELON: Das PRESTELON-Gedächtnis ist ebenfalls eine Parallelschaltung von synchronen Zustandsfunktionen in der Matrix (Gravitationspotenziale, Zustandsfunktionen, Veränderungsprozesse). Auch der Übergang von Bewusstsein zu Information läuft synchron.

4   Oeser: „Das Bewußtsein soll als Teil der Welt seinen Ort im Menschenhirn haben. Es soll nur die „große Lokalisation" des Bewußtseins im Gehirn geben, nicht die „kleine Lokalisation" in den Teilen des Gehirns. Das Bewußtsein soll als komplexe Systemeigenschaft im gesamten Gehirn verteilt sein."

PRESTELON: Das PRESTELON-Bewusstsein ist wegen der Synchonizität als komplexe Systemeigenschaft im gesamten PRESTELON-Gedächtnis verteilt.

5   Oeser: „Es soll nur eine dynamische nicht eine statische Lokalisation des Bewußtseins im Gehirn geben."

PRESTELON: Die Lokalisation des Bewusstseins im PRESTELON-Gedächtnis ist dynamisch (zeitabhängige Schwingungsereignisse bzw. Zustandsfunktionen und zeitabhängige Gravitationspotenziale).

6   Oeser: „Das Bewußtsein soll sich selbst im Erkenntnisprozeß konstruieren und dadurch die kognitive Welt erzeugen (Prinzip des internen Realismus)."

PRESTELON: Das Bewusstsein konstruiert sich selbst im Erfahrungszyklus als letztes Element bevor es im neuen Zyklus in Information übergeht usw. usf.

7   Oeser: „Nicht nur sollen mir im Erkenntnisprozeß die Gegenstände erscheinen, sondern in jedem Erkenntnisprozeß soll ich auch mir selbst als Handlungszusammenhang des Bewußtseins erscheinen."

PRESTELON: Das ergibt sich automatisch aus der Synchronizität. Das PRESTELON-Gedächtnis und sein Bewusstsein sind im PRESTELON-Prozess vereint.

8   Oeser: „Die kognitive Welt der Erscheinungen soll die interne Konstruktion eines Raum-Zeit-Schemas als Leistung des Gehirns voraussetzen."

PRESTELON: Das PRESTELON-Bewusstsein ist die interne Konstruktion eines Raum-Zeit-Schemas (UNT·R_g ist eine funktionale Raum-Zeit-Gestalt mit der Raum-Maßeinheit [m^3], die von der irreversiblen Zeit t_i abhängt (s. Kap. 4.1 *Lösung der Zeiträtsel*).

9   Oeser: „Der Bewußtseinsstrom soll ein Prozess von Ereignissen sein, bei denen jeweils ein Ereignis die Vorbedingung für das Eintreten des nächsten ist."

PRESTELON: Der ganze PRESTELON-Organismus ist ein Prozess von gegenseitig abhängigen Schwingungsereignissen. Bewusstsein ist darin das letzte Element im Erfahrungszyklus. Da dieser Zyklus getaktet ist kehrt dieses Bewusstseinselement auf der Grundlage des jeweils vorangegangenen -elements immer wieder. Insofern kann man auch von einem Bewusstseinsstrom im PRESTELON-Gedächtnis sprechen (s. Kap. 3.3 *Die Weltformel*).

10   Oeser: „Es soll von vornherein keinen bestimmt dimensionierten Raum und keine globale Zeit geben, sondern nur lokale Dimensionen und lokale Zeiten."

PRESTELON: Das ist im PRESTELON-Organismus der Fall (s. Kap. 4.1 *Lösung der Rätsel von Raum und Zeit*).

11   Oeser: „Zur Umwelt des Gehirns soll auch der eigene Körper gehören."

PRESTELON: Zur Umwelt eines PRESTELON-Organismus bzw. Gedächtnisses gehören alle anderen PRESTELON-Organismen und alle Systeme von PRESTELON-Organismen und alle Schwingungsereignisse als „Ding an sich".

12   Oeser: „Es soll sich also eine Körperwelt und eine Dingwelt unterscheiden lassen."

PRESTELON: Jeder PRESTELON-Organismus besitzt eine körperliche Komponente, die wegen $R_g = m$ auch materiell ist. Demnach bilden alle PRESTELON-Organismen und alle Systeme von PRESTELON-Organismen eine lebende Körperwelt. Körper ohne Leben gibt es nicht. Auch ein abgerissener Arm ist ein lebender Organismus. Er kann wieder an den menschlichen Körper, der ein Super-Super-Organismus ist, angenäht werden und lebt dann weiter oder er stirbt ab. Im Tod wird er sich jedoch in Schwingungen auflösen, aus denen neue PRESTELON-Organismen kreiert werden können. Deshalb gibt es entweder PRESTELON-Organismen oder reine Schwingungen und Schwingungssysteme. Da diese alle aus dem „Ding an sich" bestehen, bilden sie die Dingwelt. Sie ist nicht organistisch und lässt sich deshalb auch von der Körperwelt, die immer organisch ist, unterscheiden.

Das ist die Äquivalenz zwischen Oesers neuro-philosophischen Erkenntnissen vom menschlichen Gehirn und den Erkenntnissen aus dem PRESTELON-Bewusstsein. Sie bestätigen die strukturell-funktionale Beschreibung von Bewusstsein im PRESTELON-Gedächtnis. Neben diesen 12 Äquivalenzen hat Oeser noch ein paar weitere Erkenntnisse in seinen Traktaten gesammelt. Diese sind jedoch im PRESTELON-Prozess unwirklich bzw. unwahr – wie z.B. seine Auffassungen von Raum und Zeit – oder sie sind irrelevant.

Da der Erfahrungszyklus zusammen mit dem PRESTELON-Bewusstsein seine eigene Raum-Zeit gestaltet, die von der kleinst möglichen Plancklänge mit ca. 10^{-35} [m] bis zur Ausdehnung des Universums mit ca. 10^{26} [m] reichen kann, wird auch klar, dass der elementare Lebensprozess bzw. das Urgedächtnis mit den in Kap. 3.3 dargestellten Potenzialen und Zustandsfunktionen den ungeheuren Größenbereich von ca. 10^{61} umfassen kann. Das bedeutet, dass es auch einen kosmischen Organismus bzw. ein kosmisches Gedächtnis und Bewusstsein geben müsste.

Das kosmische Bewusstsein

In G. Langers Vorstellung gibt es ein universales Bewusstsein. Diesen Bewusstseinsbegriff hat er in der Triade der Ideen Einheit (Monismus), Zeichenhaftigkeit (Semiotik), und Einfachheit (alltägliches Erleben, Selbstbescheidung) konfiguriert.[74]

Die Konfiguration soll in Bezug auf die monistische Idee besagen, dass es nur ein BewußtSein gibt, so wie wir Menschen nur einen Kosmos kennen. Demnach soll es nur eine Substanz(Matrix) im Kosmos geben, die eine All-Verbindung schafft und die Langer die (kosmische) BewußtSeinsmatrix nennt. Er stellt die Frage, wie sich der BewusstSeins-Monismus mit der Erfahrungstatsache verträgt, dass jeder Mensch (Weltbevölkerung zur Zeit 5,3 Milliarden) durchaus unterschiedlich das vermeintlich Selbe in BewußtHeit erlebt (denkt, fühlt etc.)? Seine Antwort darauf lautet, dass die Individuationsbindungen (z.B. einzelne Menschen) und ihre individuellen BewußtHeiten nur *Aspekte* (Facetten) des einen BewußtSeins vergegenwärtigen (realisieren) können, weil keine Individuation allein ident ist mit der kosmischen Ganzheit des einen BewußtSeins (Langer S. 65).
„Die semiotische Idee ... soll besagen, dass die kosmische Matrix des BewußtSeins quasi von semiotischer Plastizität (transformativer Formbarkeit) ist, d.h. in Myriaden von ineinander übersetzbaren (Abstraktions-) „Ebenen" realisiert werden kann (z.B. physikalische, psychische, kulturelle „Ebene"). Diese phänomenologisch unterschiedlichen Transformationsprozesse von Zeichen (Semiosen; vulgo: „Übersetzungen von einer Sprache in eine andere") sind organisiert, d.h. miteinander verbindbar (übersetzbar)" (Langer S. 66).

„Die einfache Idee ... soll (a) besagen, dass das BewußtSein in unmittelbarer Einfachheit und Klarheit erlebbar ist; und zwar ist das Erleben eines jeden Lebewesens (Mensch, Tier) genau die individuelle Realisation (Vergegenwärtigung) einer Facette des Bewußtseins selber, (b) Eine zweite Dimension bezieht sich auf die Einfachheit der Alltäglichkeit, d.h. das Erleben (die Bewußt-Heit als unmittelbare Erfahrung einer Facette des Bewußtseins) ereignet sich ganz einfach im Alltag, (c) Eine dritte Dimension der Einfachheit betrifft die Bescheidenheit; d.h. das monistische Konzept des einen Bewußtseins gemahnt - anders als das vorherrschende, subjektivistische Bewußtseinskonzept - zur Selbst-Bescheidung. Weder der „Mensch", noch das „Ich" ist die sog. Krone der Schöpfung; der Kosmos als Ganzes (BewußtSein) ist die Krone" (Langer S. 66).

Langer versucht, mit dieser triadischen Konfiguration zu einer neuen Geisteshaltung (Weltbild, Menschenbild) beizutragen. Er schreibt: „Ich will mich schlicht einreihen in die wachsende Schar derjenigen Menschen (vgl. MOSER, WILBER etc.), auch in unserer abendländischen Kultur der Gegenwart, die das Bewußtsein wiederentdecken als das Ur-Sein des Kosmos. Ist das metaphysische Spinnerei? Nicht mehr und nicht weniger Spinnerei, so glaube ich, als wenn Physiker »die Energie« als Urstoff des Kosmos zu entdecken glauben. ...
Ein Teil der sog. Bewußtseinsproblematik ist durch eine semantische Konfusion der verwendeten Begriffe (z.B. »Bewußtsein«, »Bewußtheit«, »Geist«, »Seele«, »das Unbewußte« etc.) bedingt. Diese semantische Konfusion will ich mit der vorliegenden Arbeit mildern, doch weiß ich nicht, ob mir das auch tatsächlich gelingt. Das Unsagbare bereden, d.h. über das eine Bewußtsein reden ist zwar absurd, doch schweigen ist unmenschlich. Was meine ich hiermit? Wer noch nie gehungert hat, kann mit Worten nicht erfahren, was mit dem Wort »Hunger« gemeint ist. Noch viel absurder ist es, über das eine (kosmische) Bewußtsein zu reden und hierbei zu glauben, man habe das Wesentliche angesprochen. Und dennoch: Es ist unmenschlich, den Satten dieser Welt nichts vom Hunger zu erzählen bzw. das eine Bewußtsein, aus welchem wir bestehen und welches wir Menschen am differenziertesten von allen Lebewesen realisieren können, totzuschweigen (Langer S. 68f).

Ich möchte Herrn Langers Ideen bestätigen. Nicht nur, weil sie sehr interessant sind, sondern weil sie in vielerlei Hinsicht zum PRESTELON-Bewusstsein äquivalent sind. Denn wie in Kap. 4.8 *Lösung der Rätsel der Parallelwelten* gezeigt, gilt es auch, die Rätsel der vielen parallelen Bewusstseine (oder wie es Langer besser ausdrückt „BewußtHeiten") zu lösen, weil sich das PRESTELON-Bewusstsein in der Tat vielfach und in den verschiedensten Ausdehnungen im ganzen Kosmos ereignen kann.
Zu einem Multi-Bewusstsein – analog zum Multiversum – können sich die vielen Einzel-Bewusstheiten jedoch nicht vereinigen. Denn während die vielen möglichen Paralleluniversen des Multiversums alle nur selbständige zeitfreie Räume sind, hängen alle Bewusstheiten von der gleichen irreversiblen Raum-Zeit ab. Synchron und parallel können sie deshalb nur innerhalb ihrer individuellen Zyklen bzw. Taktdauern $D_i = 2\pi/\omega_i$ sein. Je größer diese sind, desto mehr

kleinere Bewusstheiten können sich in ihnen kohärent vereinigen und in unserem gesamten Universum können dann tatsächlich alle existierenden Bewusstheiten zu einem kosmischen Bewusstsein überlagert sein.

Dieses ist jedoch nicht nur auf die 5,3 Milliarden Menschen unserer Erde beschränkt, sondern umfasst nahezu unendlich viele Lebewesen, weil es mit allen Bewusstheiten unseres Universums verbunden ist (mit allen PRESTELON-Organismen und -Systemen wie Menschen, Tieren, Pflanzen, Molekülen, Atomen, allen organisierten „Elementarteilchen" und sonstigen Organismen, die es in unserem Universum in allen Galaxien, Sternen und auf allen Planeten gibt). Unser Universum ist nie und nirgendwo bewusstlos!

Doch zunächst zu den wesentlichen Ausführungen Langers in Bezug auf das menschliche Gehirn. Er ist der Meinung, dass niemand beweisen kann, dass das Bewusstsein tatsächlich im Gehirn lokalisiert ist. Für Langer belegt „die Tatsache einer Bewußtlosigkeit unter Narkose ... nicht die Hypothese der Gehirnlokalisation des Bewußtseins, sondern belegt bloß, daß bestimmte Gehirnfunktionen für die Realisation (Vergegenwärtigung) des Bewußtseins - in der uns Menschen bekannten Weise des Erlebens - notwendig sind" (Langer S. 92).

Auch die Ergebnisse zahlreicher Studien über Ausfälle nach örtlichen Hirnverletzungen können nicht als Beweis für die Lokalisation des Bewusstseins im Gehirn dienen. Sie deuten lediglich darauf hin, dass es psychische Funktionen der Reizaufnahme, -verarbeitung, -bewertung geben muss, die offenbar im Gehirn lokal repräsentiert sind und Aktionen bzw. Reaktionen hervorrufen. Dass solche psychische Funktionen im Gehirn lokalisiert sein können, bedeutet aber nicht, dass auch das Bewusstsein dort lokalisiert sein muss, denn psychische Funktionen sind nicht das Bewusstsein. Die Frage: „Wo ist das Bewusstsein?" ist also berechtigt, obwohl sie selten gestellt wird, weil nur wenige „aufgeklärte" Menschen überhaupt daran zweifeln, dass das „Bewusstsein" im Gehirn lokalisiert sei. Man nimmt ohne Bedenken an, dass es vom Gehirn „produziert" werde (Langer S. 91)

Langer zitiert hierzu E. Schrödinger, der in seinem Buch *Geist und Materie* (S.67f) schreibt: „Wir sind so sehr gewohnt, die Persönlichkeit eines Menschen - übrigens ganz ebenso die eines Tieres - eben doch in das Innere seines Leibes hineinzudenken, daß es uns erstaunt, zu erfahren, und wir es nur zweifelnd und zögernd glauben, daß sie sich dort in Wirklichkeit nicht vorfindet. Wir versetzen sie in den Kopf, ein gutes Stück hinter die Mitte der beiden Augen" (Langer S. 91).

Der PRESTELON-Organismus hat die Funktion eines Gedächtnisses. Das PRESTELON-Gedächtnis kann man als primitive, elementare Vorstufe zum menschlichen Gedächtnis betrachten, aber damit ist nicht gesagt, dass es in einem Gehirn oder etwas ähnlichem lokalisiert sein muss. Tatsächlich gibt es jedoch eine Gedächtnisfunktion, das PRESTELON-Bewusstsein, die als Volumeneinheit der Selektionsordnung ($UNT \cdot R_g$) synchron zu den anderen drei

Zustandsfunktionen im R_g-Bereich „materiell lokalisiert" sein kann, weil die gravitative räumliche Ausdehnung R_g die Massefunktion m ist (3.3.17). Von den anderen drei materiell lokalisierten Zustandsfunktionen ist zwar die KOM-Zustandsfunktion in der Lage, mit anderen PRESTELON-Organismen bzw. mit deren Gedächtnisfunktionen Energie auszutauschen.

Das bedeutet jedoch nicht, dass das Bewusstsein im Gehirn bzw. im Kopf eines Lebewesens materiell lokalisiert sein muss, aber es bedeutet, dass es mehrere Gedächtnisse mit Bewusstsein geben kann, die alle in verschiedenen Körperteilen materiell lokalisiert sein und Energie austauschen können. z.B. bei Polypen, die angeblich in jedem Arm (Tentakel) ein eigenes Gedächtnis besitzen sollen. Jedes einzelne Tentakel-Gedächtnis soll synchron mit allen anderen abgestimmt sein. Das würde auch erklären, warum die Polypen eine so außergewöhnliche Regenerationsfähigkeit besitzen. Wenn man ein Exemplar in der Mitte durchtrennt, entwickeln sich daraus zwei vollständige Klone.

Das können einzelne PRESTELON-Organismen auch mit den Verfahren der umgekehrten Periodenverdopplung umsetzen und natürlich umso besser PRESTELON-Organismus-Systeme. Wie in Kap. 4.4 *Lösung der Spin-Rätsel* gezeigt, liegt dieses Verfahren auch der Bosonen-Fermionen-Umwandlung zu Grunde.

Schrödinger ist um 1959 sogar zu der philosophischen Einsicht gekommen, dass es keine Materie gibt, sondern nur Bewusstsein.

H. Pietschmann meint hierzu: „Er (Schrödinger, A.d.A.) hat allerdings gesehen, dass das in Widersprüche führt, weil das Bewußtsein zunächst immer solipsistisch konstituiert ist (es gibt eigentlich nur mich), und andere Bewußtseine stehen mit meinem in Widerspruch. Deswegen hat Schrödinger postuliert, es gibt nur ein Bewußtsein! Und die Tatsache, dass es viele Bewußtseine gibt, hat er zum Scheinproblem erklärt.
Er sagt in seinem Büchlein ›Geist und Materie‹, dass »solche Mystik als unwissenschaftlich abgelehnt wird. Das beruht darauf, dass unsere (die griechische) Wissenschaft sich auf Objektivierung gründet und sich damit den Weg zu einem angemessenen Verständnis für das erkennende Subjekt, den Geist, versperrt hat. Ich glaube aber, dass hier genau der Punkt ist, in dem unsere gegenwärtige Art zu denken verbessert werden muß, vielleicht durch eine kleine Bluttransfusion von Seiten östlichen Denkens« (Schrödinger, 1959)".[75]

Wie diese Verbesserung wirklich und wahr durchgeführt werden kann, habe ich in Kap. 3.3 *Die Kreation von universalen Weltorganismen* aufgezeigt.

Weiter mit Langer: „Im vorherrschenden (»subjektivistischen«) Konzept kennt man »Bewußtsein« nur als Erleben eines Subjekts, und zwar nennt man »bewußt« nur denjenigen Teil, welcher dem Subjekt selbst bewußt wird (»Selbstbewußtsein«), d.h. worüber man fühlen, denken, sprechen kann. Dieses »Bewußtsein« bringt man in einen beziehungsmäßigen Zusammenhang mit der Gehirnfunktion, und zwar so, daß die Gehirnfunktion das »Bewußtsein« produziert (und zwar als Begleiterscheinung, Epiphänomen), ebenso wie eine gestörte Gehirnfunktion die sog. Bewußtseinsstörungen bei einem Patienten produziert. Somit könnte auch ein Computer »Bewußtsein« haben oder produzieren (als Epiphänomen), weil man konzipiert, daß »Bewußtsein« als sog. Emergenz einer hochkomplexen Funktionalität »de novo« auftritt. Andere Autoren hingegen konzipieren, daß die Gehirnfunktion das »Bewußtsein« keineswegs produziert, sondern bloß mit ihm korreliert ist (oder gar beide wechselwirken). Diese Autoren argumentieren aus einer naturwissenschaftlich verpönten – ich meine ein wenig zu Unrecht – Position eines Leib-Seele- bzw. Gehirn-»Bewußtseins«-Dualismus" (Langer S. 100).

Langer stellt der – nach seiner Meinung unbrauchbaren – epiphänomenalistischen Bewußtseinskonzeption sein monistisches Bewußtseinskonzept entgegen: „weil alles, was ist, nur ein Bewußtsein ist, nämlich das kosmische Bewußtsein. Jeder Mensch, auch jedes Tier, realisiert (vergegenwärtigt) dieses eine BewußtSein, welches in unvorstellbarer Weise plastisch ist, auf artspezifische und individuelle Weise. Diese individuelle Realisation des einen (kosmischen) BewußtSeins nenne ich BewußtHeit bzw. Human-BewußtHeit (beim Menschen).
Der Unterschied beider Bewußtseinskonzepte ist »kopernikanisch«, nämlich: Wir Menschen können das BewußtSein nicht produzieren, auch nicht konstruieren (vgl. sog. Konstruktivisten), sondern nur realisieren: Wir vergegenwärtigen das, was hier und jetzt bereits ist. Eine Behelfsanalogie zur Veranschaulichung des Gemeinten: Unsere Gehirnfunktion sei vergleichbar der Funktion eines TV-Apparates, welcher die TV-Programme weder produziert noch konstruiert, sondern – wenn er funktionstüchtig ist – bloß realisiert, ganz individuell auf seinem Bildschirm. Allerdings. Im Unterschied zu der relativ kleinen Anzahl von Programmen des Satelliten-Fernsehens gibt es Myriaden von individuellen »Programmrealisationen« (BewußtHeiten) im Prozeß des einen, kosmischen BewußtSeins" (Langer S. 100f).

„In der (Selbst-)BewußtHeit realisiert ein Individuum (Mensch, Tier), ganz privat, nur eine Facette (aus Myriaden von möglichen Facetten) des einen BewußtSeins. Das eine BewußtSein erfüllt den Kosmos, weswegen es auch kosmisches BewußtSein genannt werden kann. Völlig klar ist, daß das (kosmische) Bewußtsein von einem Individuum nicht produziert (geschaffen oder konstruiert), sondern nur realisiert (vergegenwärtigt) wird"(Langer S. 108f).

Das PRESTELON-Gedächtnis lässt jedoch die Möglichkeiten zu, dass einerseits Bewusstheit tatsächlich von ihm selbst produziert wird, d.h. es erzeugt interne Schwingungsereigniskombinationen (UNT·R_g), die eindeutig der Selbstbewusstheit entsprechen. Andererseits können die in diesen Kombinationen enthaltenen UNT-Funktionen aus dem Vergangenheitsgedächtnis mit den KOM-Funktionen über externe Resonanzen beeinflusst werden, so dass die darin gespeicherten Empfindungen in die gegenwärtige Wahrnehmung der Bewusstheit einbezogen werden. Das ist dann keine Selbstbewusstheit, sondern eine Fremdbewusstheit und diese muss nicht unbedingt von dem einen (kosmischen) Bewusstsein realisiert worden sein, sondern kann auch von vielen anderen, extern selbständigen Bewusstheiten hervorgerufen werden (s. Kap. 5.4 *Der Kommunikationsprozess*).

Das kosmische Bewusstsein wird im großen kosmischen PRESTELON-Gedächtnis ebenso selbständig vergegenwärtigt wie im kleinsten. Im großen ist die Zyklusdauer jedoch maximal und kann damit alle möglichen kleineren Zyklusdauern aller anderen Bewusstheiten kohärent einschließen und so durch Resonanz beeinflussen. Aber auch kleinere Bewusstheiten als das große kosmische Bewusstsein können alle noch kleineren Bewusstheiten mit Resonanz beeinflussen. Langers Arbeit verfehlt deshalb schon in ihrer Überschrift die Wirklichkeit und ist nur zur Hälfte wahr. Denn nicht nur die individuellen Bewusstheiten werden aus dem einen kosmischen Bewusstsein realisiert, sondern sie beeinflussen dieses wiederum auch durch resonante Überlagerungen (s. vergleichsweise Kap. 4.4 *Lösung der Spinrätsel*).

Langers kosmisches BewußtSeinskonzept hat große Ähnlichkeit mit dem PRESTELON-Organismus bzw. dem -Gedächtnis, aber es beruht nur auf einer Ansammlung von qualitativen Thesen, Argumenten und einer Auflistung von Vorteilen gegenüber den herkömmlichen Bewußtseinskonzepten. Für all diese Konzepte gibt es keine Theorien, die wirklich und wahr sind, d.h. quantitativ Beschreibbares liefern, das auch falsifiziert werden könnte. Somit sind alle bisherigen Bewusstseinskonzepte – einschließlich Langers – nicht mehr als Glaubensbekenntnisse und als solche nicht widerlegbar. Aber die Rätsel des Bewusstseins können sie nicht lösen. Das kann nur der PRESTELON-Organismus mit seinem -Gedächtnis und auch dieses enthält eine erstaunliche Mischung aus Gewissheit, Unwissenheit und Wahrscheinlichkeit (Whitehead).

Kosmisches Bewusstsein und Planetenwellen

Wenn es ein kosmisches Bewusstsein gibt, muss auch unser Sonnensystem Bewusstsein besitzen. Das bedeutet, dass auch die Planeten, die um die Sonne kreisen, mit dem kosmischen Bewusstsein verbunden sind und damit auch die Menschen auf der Erde. Dass eine Verbindung zwischen Planeten und Menschen tatsächlich existiert, habe ich bereits in meinem Buch *Theorie der Planetenwellen, Menschencharakter und Planetentyp* aufgezeigt. Demnach ruft der Sonnenwind in den Planetenoberflächen bzw. -atmosphären Stromsysteme hervor. Die bilden sog. Dynamoschichten aus, in denen wechselhafte elektrische und magnetische Felder entstehen. Solche Wechselfelder bewirken dann bei jedem Planeten einen individuellen Schwingkreis, der ganz spezifische elektromagnetische Wellen ins Universum aussendet.[76]

Die Planetenwellen treffen auch auf das Magnetfeld der Erde. Dort wird das Plasma in der Ionosphäre in Ausbreitungsrichtung wie bei Schallwellen komprimiert. Deshalb spricht man von magnetohydrodynamischen Kompressionswellen. Man kann beweisen, daß Wellen, deren Frequenz kleiner ist als die Gyrationsfrequenz der Ionen im Ionosphärenplasma, ungehindert in Form der magnetohydrodynamischen Kompressionswellen bis zur Erdoberfläche gelangen können. Die Gyrationsfrequenz der Ionen in der Erdionosphäre beträgt ca. 70 Hz. Alle Planetenwellen und die meisten Mond- und Planetoidenwellen liegen unterhalb dieses Grenzwertes. Damit ist für die Planetenwellen ein Fenster in unserer Ionosphäre geöffnet, das ich „Planetenfenster" genannt habe.[77]

Unser Sonnensystem ist ständig von einer Wolke kosmischer Wellen, Planeten-, Mond- und Planetoidenwellen durchflutet, und die Erde ist darin eingehüllt. Deshalb stellt sie für diese Wellen eine riesige Empfangsantenne dar. Ihre Antennencharakteristik wird durch 8 ineinandergreifende Stromsysteme erzeugt. Je nach Ausbreitungsrichtung der Wellen bilden sich besondere geometrische Zonen auf der Erdoberfläche aus, in denen besonders die Planetenwellen erhöhte Aktivitäten entfalten.[78]

Die Planetenwellen stellen somit ein beeindruckendes Beispiel dar, wie sich das kosmische Bewusstsein auf unsere Erde und die darauf wohnenden Menschen auswirken kann.[79]

Epilog

Mit der Weltformel habe ich bewiesen, dass es sich lohnt, alles Fragliche und Rätselhafte neu und anders zu denken. Daraus ging das neue, wirkliche und wahre Weltbild mit neuen, wirklichen und wahren Erkenntnissen von den elementaren Veränderungsprozessen der Natur hervor. Diese machen erstmals deutlich und in einer konsistenten Beschreibung verständlich, dass Wirkung und Ordnung zwei wesentliche Bestandteile im Zyklus der vier elementaren Veränderungsprozesse der Natur sind. Dass es überhaupt vier elementare Veränderungsprozesse gibt und dass diese in einem Zyklus vereinigt sind, wusste man vorher nicht.

Die beiden anderen elementaren Veränderungsprozesse der Energie und Information glaubte man als reine Entitäten bisher gut und ausreichend zu kennen. Für die Energie trifft das ungefähr zu. Zumindest die berühmten Energieformeln von Einstein ($E = mc^2$), Planck ($E = h\nu$) und Boltzmann ($E = k_B T$) wurden auch durch das neue und andere Denken genau so bestätigt. Aber warum es gerade diese drei unterschiedlichen Energiearten gibt, die erste aus dem Translations-, die zweite aus dem Rotations- und die dritte aus dem Resonanzprinzip herstammen, wusste man bisher nicht.

Am meisten wirkte sich das neue und andere Denken beim Veränderungsprozess der Information aus. Die geringe und bescheidene Ahnung von der thermodynamische Unordnung (Boltzmann) bzw. vom wahrscheinlichkeitstheoretisch unbestimmten Informationsgehalt (Shannon) ließ sich auf vier grundlegende Informationsrelationen erweitern, die letztlich die zukunftsweisende Erkenntnis hervorbringen, dass Energie aus Information gewonnen werden kann!

In allen neuen Formeln, die aus der einen Weltformel wie auch aus den elementaren Veränderungsprozessen hervorgehen, werden keine Konstanten mehr benötigt. Sie sind 1 oder 2π. Dadurch wird Eddingtons Glaube bestätigt, wonach „der Einfluß des menschlichen Geistes, den Kant als total gesehen hätte, die Möglichkeit eröffnet, eine völlig widerspruchsfreie Beschreibung der Welt zu gewinnen, ohne irgendwelche Größen ausschließlich durch Beobachtung bestimmen zu müssen" (s. Zitat von J. B. Barrow in der Einleitung von Kap. 2.6 *Die Rätsel von Konstanz und Veränderung*).

Ist das ein Hinweis auf ein finales kosmisches Bewusstsein?

Warum soll es kein kosmisches Bewusstsein geben, wenn doch auch die Glaubensgemeinschaften der Kosmologen und Stringtheoretiker heutzutage davon überzeugt sind, dass es mindestens 10^{500} Parallelwelten wirklich gibt. Das ist angeblich nicht nur eine unbewiesene Hypothese, sondern soll sich ganz selbstverständlich aus der Theorie der modernen Kosmologie ergeben, die vorhersagt, dass unentwegt eine Vielzahl von Universen aus dem primordialen («falschen») Vakuum entspringen, jedes mit einem eigenen Urknall (s. Kap. 4.8 *Lösung der Rätsel der Parallelwelten*, Einleitung).

Die beiden Multiversum-Forscher Alejandro Jenkins und Gilad Perez schreiben in Spektrum der Wissenschaft, Dosier 4/2011, *Raum, Zeit, Materie*, dass unser Universum demnach nur eine von vielen Blasen innerhalb eines umfassenden Multiversums ist: „In fast all diesen Universen erlauben die physikalischen Gesetze wahrscheinlich weder die Bildung von Materie in unserem Sinn noch von Galaxien, Sternen, Planeten und Leben. Nur wegen der überwältigenden Anzahl von Möglichkeiten hatte die Natur eine Chance, einmal die »richtige« Kombination von Gesetzen zu treffen.

Doch wie wir kürzlich entdeckt haben, müssten einige dieser anderen Universen – sofern sie überhaupt existieren – gar nicht so unwirtlich sein. Wir haben Beispiele für alternative Werte der fundamentalen Konstanten und somit für abgewandelte physikalische Gesetze gefunden, die zu sehr interessanten Welten und vielleicht sogar zu Leben führen können. Die Grundidee dabei ist: Man verändert einen Aspekt der Naturgesetze und passt andere Aspekte entsprechend an."[80]

Auf der Grundlage der entsprechend modifizierten – oder soll man sagen manipulierten – physikalischen Formeln spielen die Forscher dann quasi einen Film des Universums ab. Hierzu werden die üblichen Verfahrensweisen wie physikalisch-mathematische Berechnungen, Szenarien und natürlich auch Computersimulationen verwendet. Nur aus Computersimulationen kann letztlich ein Film des Universums entstehen aus dessen Ergebnissen Interpretationen möglich werden, die aufzeigen, welche Katastrophe zuerst eintritt. So konstruierte Perez und sein Team schon 2006 eine Gruppe physikalischer Gesetze, die ohne die schwache Wechselwirkung auskam und dennoch eine komplexe Chemie oder gar Leben hervorbringen könnte. Dafür musste allerdings das Standardmodell der Teilchenphysik mehrfach modifiziert (manipuliert) werden (S. 77).

Die Forscher ziehen daraus den Schluss, dass in den meisten Universen die schwache Wechselwirkung so gering ist, dass sie praktisch gar nicht existiert. Dann stellt sich allerdings die Frage, warum wir nicht in einem Universum ohne schwache Wechselwirkung leben? Oder ist diese nur ein Artefakt?

Ist die Wirklichkeit nur noch eine Möglichkeit von vielen erlebbaren Welten? Dann kann sie auch nur Fantasie sein oder Science-Fiction (SF)!

Helmut Krauser schreibt in der Süddeutschen Zeitung: „Unser Erfahrungshorizont ist gemischt aus Wissenschaft und Phantasie, wobei das Mischungsverhältnis bei jedem anders ist. Aber wo das eine beginnt und das andere aufhört, diese Grenze ist heute, da Physik und Metaphysik stellenweise wieder ineinander übergehen wie zu Beginn des Denkens, kaum mehr konkret zu sagen. Wer sich etwa Wurmlöcher ausgedacht hat, die Wissenschaftler oder die SF-Autoren, ist heute nicht mehr so genau auszumachen. Wechselwirkungen sind vorhanden, z. B. fördert Science-Fiction die Popularität des Themenbereiches, und Popularität fördert Forschungsgelder. ...

Bald wird die sogenannte Wirklichkeit nur eine Variante mehrerer lebbarer Welten sein, sozusagen die >handfesteste Argumentation<."[81]

Wie eine lebbare Welt handfest argumentiert werden kann, haben die beiden Multiversum-Forscher A. Jenkins und G. Perez gezeigt (s. oben), nämlich mit neu kombinierten bzw. manipulierten physikalischen Formelgruppen und Computersimulationen. Man darf dabei ruhig einige physikalische Standardformeln und notfalls auch eine sog. elementare Wechselwirkung weglassen oder Konstanten verändern. Aber die Kausalität muss gewahrt bleiben. Wenn das nicht der Fall ist, merkt jeder, dass es sich um Fantasie oder Science-Fiction handelt und die nicht so glaubenswilligen Physiker werden das „Handtuch schmeißen". Denn mit Kausalität sind auch sie schon in der Muttermilch gefüttert worden, die können sie nicht mehr missen. Dafür opfern sie lieber die Finalität und vergessen ganz, dass schon Leibniz die Harmonie von Kausalität und Finalität propagierte, wenngleich er eine theologische Deutung der Finalität zugrunde legte, die heute für die Interpretation des naturwissenschaftlichen Weltbildes keine Rolle mehr spielt.

Es ist nicht schwer, ohne Finalität, d.h. die Zielgerichtetheit von Vorgängen, einfach willkürlich neue Formelgruppen und Konstanten kausal zusammen zu kombinieren und in einer fiktiven kosmologischen Theorie deren Auswirkungen auf die Welt zu simulieren. Wenn man jedoch noch nicht einmal weiß, ob diese Theorie wirklich und wahr ist oder auch nur einem ontologischen Schwindel unterliegt, hat das keinen Sinn. Das haben auch alle bisherigen Versuche zur Vereinigung der derzeitigen physikalischen Teiltheorien gezeigt (s. Kap, 1.4 *Das Versagen der Vereinigung von Mikro- und Makrowelt*).

Der richtige Weg ist deshalb, statt der Manipulation der physikalischen Teiltheorien bzw. deren Formeln und des alten naturwissenschaftlichen Weltbildes, ganz neu und anders zu denken. D.h. eine neue Theorie zu entwickeln, die selber die richtigen Formeln und Konstanten liefern kann mit denen eine vereinheitlichte Physik möglich ist (s. TEIL III).

Diese neue Theorie liefert dann gleich auch das neue wirkliche und wahre Weltbild mit und beseitigt darin die semantischen Probleme und ontologischen Schwindel (s. TEIL IV).

Und mehr noch, sie schließt auch das Leben mit ein, weil eine Verbindung zum Lebensprozess hergestellt wird, der durch den PRESTELON-Organimus selbst geschaffen und organisiert wird (s. TEIL V).

Mit dem PRESTELON-Organimus ist es möglich, wirkliche und wahre Schlüsse über die Welt zu ziehen und es ist damit leicht, zwischen den vielen möglichen Welten – auch wenn diese scheinbar lebbar sein sollen – und der einen wirklichen und wahren Welt, in der wir tatsächlich leben, zu unterscheiden.

In unserer wirklichen und wahren Welt reicht aber Kausalität alleine nicht aus, um Leben am Leben zu erhalten. Hierzu ist auch noch Finalität erforderlich. Und beides zusammen unterliegt, ganz im Sinne von Leibniz, einer Harmonie.[82]

Im PRESTELON-Organismus erkennt man diese Harmonie am besten aus der Abstimmung des Gedächtnisses auf Vergangenheit, Gegenwart und Zukunft (s. Kap. 5.2, Abb. 5.2.1).
Die Harmonie gehorcht dem universalen Kreationsgesetz K <=> S(G) wie es in Kap. 3.2 dargestellt wurde. Der Körper entspricht der gesamten Gedächtnisstruktur, die auch das Seelische und Geistige einschließt. Auf der Seite der Vergangenheit steht das bereits Dagewesene, das in den Zustandsfunktionen IDE, KOM und VER retrospektiv (wieder)erlebt wird. Auf der Zukunftsseite steht das erst noch Werdensollende, das ebenfalls in den Zustandsfunktionen VER, KOM und IDE perspektivisch erwartet wird. Beide Seiten gehören zum Reich der Wirkursachen und das ist auch das Reich der Seele bzw. der Natur, in dem sich die heutigen Geistes- und Naturwissenschaften noch bewegen. Die natürlichen, psychischen und physischen Vorgänge sind kausal. In der alten, klassischen Physik verlaufen sie mechanistisch und werden von einem Vorangehenden bewirkt und geordnet (z.B. von Energie). In den neuen Erkenntnissen des PRESTELON-Prozesses spielt jedoch die Information eine dominante Rolle. Das Natürlich-Psychisch-Kausale empfängt Bestimmungen, ist zweckrezeptiv und somit selbst nur kausal-passiv und fremdbestimmt. Während das Körperliche sich stets einer Vergangenheit (einer vorausgegangenen Kausalursache) verdankt, vermag sich das Seelische eine eigene Zukunft zu entwerfen. Die Seele kann dabei selbst wieder auf das Vergangene kausal zurückgreifen, aber der Körper bleibt stets auf das Bewegtwerden durch etwas anderes angewiesen. Der Körper ist damit eine Funktion der Seele, d.h. der Zustandsfunktionen IDE, KOM und VER.

Wie im Reich der Wirkursachen zwischen Vergangenheit und Zukunft vermittelt werden kann, bestimmt gem. dem universalen Kreationsgesetz der Geist. Er empfängt die Signale des Körpers aus der Vergangenheit und wirkt über die Seele auf die Zukunft des Körpers ein (durch rekursive Iteration). Im PRESTELON-Organismus wird der Geist in der Gegenwart durch den zyklischen Erfahrungsvektor mit der Zustandsfunktion UNT dargestellt. Die geistigen Vorgänge in der Gegenwart sind akausal. Insofern gehören sie zum Reich der Finalität. Die Finalität ist zielgerichtet und zwecksetzend-aktiv. Sie bewirkt Nachfolgendes und setzt somit Bestimmungen. Das letzte UNT-Element, das in jedem Erfahrungszyklus erreicht wird, ist das Bewusstsein, das sequenziell als lokalisiertes Ordnungselement im nächsten Zyklus wieder in dominante Information übergeht, die nicht mehr lokal ist. Wie bereits in Kap. 3.4 *Selektionsenergie* gezeigt, erfolgt dieser Übergang zwar selektiv aber nichtkausal, da er auf dem Übergang von Wahrscheinlichkeiten beruht.
Nur der Geist, also nur das Nichtkausale ist somit in der Lage, sein So- und Gewordensein auf ein bestimmtes Bewusstsein hin zu transzendieren und sich oder anderen von sich aus Ziele und Zwecke zu setzen, d.h. künftige Bestimmungen durch Unterscheidungen zu geben. Im PRESTELON-Organismus vermag sich der Geist somit auch selbst zu transzendieren. Das ist der Unterschied zwischen Natur und Geist. Es ist gleichzeitig auch der Unterschied zwischen dem Reich der Kausalität und dem der Finalität. Beide Reiche sind eine komplementäre Dualität, weil das Reich der Finalität mit dem Reich der

Kausalität kommunizieren kann. Das geschieht – wie bereits gezeigt – durch Resonanz der UNT-Funktionen der Gegenwart mit den KOM-Funktionen der Vergangenheit und Zukunft.

Wie man sieht ist die harmonische Abstimmung zwischen der kausalen und der finalen Welt eine vollkommene Harmonie und es hat – gem. dem PRESTELON-Prozess – den Anschein, dass diese Harmonie bereits zu Beginn der Welt „präetabliert" worden ist (um die originale Begriffsbildung von Leibniz zu verwenden). Dafür spricht auch die Harmonie zwischen der gravitativen Masse- und der gravitativen Temperaturfunktion.

Wie sonst könnte die Massefunktion dem Zweck bzw. Zwang unterliegen, sich in der Welt bis zu einem Maximum stetig ausdehnen und danach wieder zusammenziehen zu müssen. Woraus die Massenanziehung resultiert, weil die Massefunktion im Bereich $0 \geq \omega_g t \leq \pi$ immer größer wird, und je größer die Masse ist, desto größer ist die gegenseitige Anziehungskraft (s. TEIL III, Kap. 3.3 *Das gravitative Ortspotenzial als Massefunktion*).

Wie sonst könnte außerdem die Temperaturfunktion dem Zweck bzw. Zwang unterliegen, dass die Temperatur in der Welt von einem Maximumwert ausgehend ständig fallen muss (sogar bis zum polaren Minimumwert). Woraus resultiert, dass die Temperatur in der Welt gezwungen ist, immer vom wärmeren Wert zum kälteren zu verlaufen (s. TEIL III, Kap. 3.3 *Das gravitative Geschwindigkeitspotenzial als Temperaturfunktion*).

Trotzdem kann man die „präetablierte" Harmonie auch bezweifeln und vielleicht hat Rupert Riedl recht (insbesondere wegen der Auswirkungen der zufallsbedingten VER-Zustandsfunktion), dass die Harmonie der Welt nur als Möglichkeit prästabilisiert, in ihren realen Erscheinungsformen aber von poststabilisierter Harmonie ist.[83]

Das ändert nichts daran, dass die Finalität im gesamten Weltgeschehen Tatsache ist und überall bei organistischen, lebenden Systemen beobachtet werden kann. Dass sie in den Theorien und Modellen der Physik nicht beachtet wird, liegt wohl daran, dass man glaubt, sie entbehren zu können, wenn man aus der Natur das Leben eliminiert. Bevor sich dieser Irrglaube durchgesetzt hat, gab es sehr wohl Wissenschaftler, die sich mit Finalitätsfragen beschäftigt haben. Sie bezogen sich auf die *causa finalis* von Aristoteles und die *Teleologie*, die aus der Vorstellungswelt Platon's stammen soll.

In der Gegenwart ist die Teleologie mit kybernetischen Modellen reformuliert worden. Die Mechanismus-, Organismus- und Kybernetikmodelle der Teleologie kommen darin überein, dass mit ihnen nicht die Einzelgeschehnisse in der Natur (oder der Geschichte) nach dem Beispiel planvollen Handelns als zweckgerichtet behauptet werden, sondern nur das Zusammenwirken der einzelnen Geschehnisse als »Funktionieren« (im Rahmen des jeweiligen Modells) dargestellt und als Ziel im Sinne eines zwar nicht bezweckten, gleichwohl aber sinnvollen bzw. zweckgemäßen Ergebnisses dieser Geschehnisse ausgezeichnet wird. Ähnliches gilt für die Zielgerichtetheit organischer Strukturen und

Funktionen. Sie soll sich dem Wirken eines evolutionär entstandenen Programms verdanken. Neuerdings nennt man diese Form von Zweckmäßigkeit »Teleonomie«, um sie von der naturwissenschaftlich obsoleten Teleologie abzugrenzen.[84]

Man sieht daraus, dass die Finalität auch von den Wissenschaftlern wieder ernst genommen wird, die durchaus danach trachten, auch die qualitativ verschieden erscheinenden Bedingungsformen zu synthetisieren. Der Biologe Riedl meint, dass bei denen nämlich die Disponiertheit und noch deutlicher Wahl und Zweck wenig mit Kräften, hingegen viel mit Information zu tun haben – im Sinne von Konstruktionsaufwand, Wissen, also dem Gegenteil von Entropie (d.h. mit Rezentropie gem. Kap. 3.4 *Ordnung als Rezentropie*, A.d.A). Er schreibt: „Zudem ist diese Symmetrie der scheinbaren Dualität dieser Welt verwandt, wie sie uns in Leib und Seele, Materie und Geist geteilt erscheint. Da sich diese Teilung aber über alle Stufen in den Strukturen versus Funktionen hinunterverfolgen lässt bis zur Dualität der Quanten, die uns abwechselnd als Korpuskel versus Welle, als Information versus Kraft erscheinen, wird es nur ein kognitiver Dualismus sein. Es wird sich um unsere begrenzten Sinnesfenster in eine einheitliche Natur handeln."[85]

Diese Erkenntnis ist äquivalent zu der aus dem PRESTELON-Organismus. Das ist bemerkenswert, denn als Riedl's Buch erschienen ist, hatte ich noch nicht die geringste Ahnung von einer Weltformel, die in der Lage sein würde, einen lebenden Organismus auf mathematisch-physikalischer Grundlage in Harmonie von Kausalität und Finalität zu beschreiben. Offensichtlich sehen die Biologen klarer in die wirkliche und wahre Welt als die Physiker.

Natürlich gibt es auch Wissenschaftler, welche die ganze Organismusphysik, insbesondere die Finalität, als schlechten Scherz betrachten und sofort nach Kenntnisnahme, wenn sie sich überhaupt soweit herablassen, auf das Datum schauen, ob nicht der erste April ist. „Hier will uns doch wieder jemand »ein X für ein U vormachen«, werden sie denken und dann gleich wieder einfordern, dass endlich das X-Kriterium her muss, das es ermöglichen soll, den Ernsthaftigkeitsgrad einer wissenschaftlichen oder philosophischen Arbeit zu beurteilen.

Bis heute ist es noch niemandem gelungen ein brauchbares X-Kriterium zu formulieren, das auch noch eine automatische Auswertung in einem Algorithmus ermöglichen kann. Ich versichere jedoch, falls es dieses Kriterium noch in meinem Leben geben sollte, werde ich die vorliegende Arbeit mit Freuden als erste „x-kritisieren" lassen. Bis dahin hoffe ich darauf, dass es in der Glaubensgemeinschaft der Naturwissenschaftler auch Raum für unabhängige und eigensinnige Querdenker gibt, die mit den allgemein akzeptierten Theorien des alten naturwissenschaftlichen Weltbildes unzufrieden sind. Das ist – wie ich in TEIL I, II und IV gezeigt habe – dringend nötig, denn kreative Wege zu neuen Erkenntnissen – wie ich einen in TEIL III und V gegangen bin – werden nur durch geistige Induktion gefunden, nie durch die übliche Deduktion. Hierzu ist die Förderung einer Vielfalt von Strategien und Forschungsansätzen unerlässlich.

Der Physiker, Pädagoge und Philosoph Martin Carrier schreibt: „Methodologisch qualifizierte Forschung zeichnet sich laut Popper durch die Kontrolle von Vorurteilen aus. Konkurrenz mit anderen Ansätzen halte Irrtümer und Einseitigkeiten in Schach. Entsprechend beruhe die Objektivität der Wissenschaft gerade nicht auf der Objektivität der einzelnen Wissenschaftler. Es sei vielmehr der Wettstreit kontrastierender Sichtweisen, aus dem neue Erkenntnis gewonnen werde. Dieses pluralistische Verständnis Poppers vermeidet Bindungen und Interessen nicht, sondern balanciert sie im kritischen Diskurs durch entgegengesetzte Verpflichtungen und Interessen aus."[86]

In diesem Sinne werde ich gerne meine vorliegende Arbeit auf die Forscherwaage legen und hoffen, dass sie viele gleichgesinnte Anhänger finden möge, die mithelfen, die Erkenntnisse aus diese Arbeit weiter zu verbessern, zu vermehren und ihr Gewicht zu vergrößern, um die vielen semantischen Probleme und ontologischen Schwindel im alten naturwissenschaftlichen Weltbild auszumerzen. Das vorgestellte neue, wirkliche und wahre Weltbild soll als konsistenter und zyklischer Rahmen für die weitere Naturforschung dienen. Es ist sicherlich noch nicht vollständig. Junge Forschergenerationen können bestimmt noch Verbesserungsmöglichkeiten finden und viele interessante Aufgaben, die eine Menge neuer Erkenntnisse zu Tage fördern werden und viel Ruhm und Anerkennung versprechen. Alle, die daran interessiert sind, bitte ich mitzuhelfen, gemeinsam das neue, wirkliche und wahre Weltbild so zu schaffen, dass es möglichst lange Bestand hat.

Der erste Leser hat mich nach der Lektüre meines Werkes gefragt, welche wissenschaftliche Idee damit ausgedient hat? Meine Antwort lautet: Das Punktteilchen bzw. Punktereignis! Es wird – muss – durch die Schwingung ersetzt werden, wenn man auch den Zyklus und damit das Leben in die Physik einbeziehen will.

Endnoten zum TEIL V

[1] T. Nagel, Geist und Kosmos, Suhrkamp Verlag, 2013
[2] D. Diderot, D'Alembert's Traum, Philosophische Schriften, 1. Band, Berlin 1961, S. 526; zitiert aus I. Prigogine, I. Stengers, Dialog mit der Natur, Serie Piper, 1990, S. 87f
[3] R. Hazen, Was ist Leben? in Spektrum der Wissenschaft Oktober 2007, S. 66ff
[4] R. Hazen, Was ist Leben? in Spektrum der Wissenschaft Oktober 2007, S. 66
[5] J. Mittelstraß (Hrsg.), Enzyklopädie Philosophie und Wissenschaftstheorie, Sonderausgabe 2, J.B. Metzler, 2004, S. 549f
[6] I. Prigogine, I. Stengers, Dialog mit der Natur, Serie Piper, 1990, S. 173-175
[7] K. Blawat, Das vertrackte Genom, Süddeutsche Zeitung, 12./13.2.2011
[8] K. Blawat, Das vertrackte Genom, Süddeutsche Zeitung, 12./13.2.2011
[9] R. Dulbecco, Der Bauplan des Lebens. Piper 1991, S. 441
[10] A. Lima-de-Faria, Evolution ohne Selektion, in U. Jüdes, G. Eulefeld, T. Kapune (Hrsg.) Evolution der Biosphäre, Hirzel 1990, S. 105f
[11] A. Lima-de-Faria, Evolution ohne Selektion, in U. Jüdes, G. Eulefeld, T. Kapune (Hrsg.) Evolution der Biosphäre, Hirzel 1990, S. 106
[12] A. Lima-de-Faria, Evolution ohne Selektion, in U. Jüdes, G. Eulefeld, T. Kapune (Hrsg.) Evolution der Biosphäre, Hirzel 1990, S. 107f
[13] A. Lima-de-Faria, Evolution ohne Selektion, in U. Jüdes, G. Eulefeld, T. Kapune (Hrsg.) Evolution der Biosphäre, Hirzel 1990, S. 109
[14] A. Lima-de-Faria, Evolution ohne Selektion, in U. Jüdes, G. Eulefeld, T. Kapune (Hrsg.) Evolution der Biosphäre, Hirzel 1990, S. 109f
[15] A. Lima-de-Faria, Evolution ohne Selektion, in U. Jüdes, G. Eulefeld, T. Kapune (Hrsg.) Evolution der Biosphäre, Hirzel 1990, S. 110f
[16] A. Lima-de-Faria, Evolution ohne Selektion, in U. Jüdes, G. Eulefeld, T. Kapune (Hrsg.) Evolution der Biosphäre, Hirzel 1990, S. 111-117, 121
[17] W. Ebeling, Chaos – Ordnung Information, Harri Deutsch, 1991, S. 104
[18] A. Lima-de-Faria, Evolution ohne Selektion, in U. Jüdes, G. Eulefeld, T. Kapune (Hrsg.) Evolution der Biosphäre, Hirzel 1990, S. 117
[19] R. Dulbecco, Der Bauplan des Lebens. Piper 1991, S. 67
[20] B.-O. Küppers, Molekulare Selbstorganisation und Entstehung biologischer Information, in U. Jüdes, G. Eulefeld, T. Kapune (Hrsg.) Evolution der Biosphäre, Hirzel 1990, S. 89
[21] R. Dulbecco, Der Bauplan des Lebens. Piper 1991, S. 91
[22] R. Dulbecco, Der Bauplan des Lebens. Piper 1991, S. 92
[23] R. Dulbecco, Der Bauplan des Lebens. Piper 1991, S. 92
[24] R. Dulbecco, Der Bauplan des Lebens. Piper 1991, S. 92f
[25] R. Dulbecco, Der Bauplan des Lebens. Piper 1991, S. 92f
[26] Die nachfolgend verwendeten Beispiele stammen von R. Dulbecco, Der Bauplan des Lebens. Piper 1991, S. 448-474
[27] B.-O. Küppers, Molekulare Selbstorganisation und Entstehung biologischer Information, in U. Jüdes, G. Eulefeld, T. Kapune (Hrsg.) Evolution der Biosphäre, Hirzel 1990, S. 93

[28] B.-O. Küppers, Molekulare Selbstorganisation und Entstehung biologischer Information, in U. Jüdes, G. Eulefeld, T. Kapune (Hrsg.) Evolution der Biosphäre, Hirzel 1990, S. 92

[29] B.-O. Küppers, Molekulare Selbstorganisation und Entstehung biologischer Information, in U. Jüdes, G. Eulefeld, T. Kapune (Hrsg.) Evolution der Biosphäre, Hirzel 1990, S. 92f

[30] B.-O. Küppers, Molekulare Selbstorganisation und Entstehung biologischer Information, in U. Jüdes, G. Eulefeld, T. Kapune (Hrsg.) Evolution der Biosphäre, Hirzel 1990, S. 93

[31] B.-O. Küppers, Molekulare Selbstorganisation und Entstehung biologischer Information, in U. Jüdes, G. Eulefeld, T. Kapune (Hrsg.) Evolution der Biosphäre, Hirzel 1990, S. 97

[32] H.R. Maturana, Autopoiesis, in M. Zelney (Hrg), Autopoiesis, A Theoriy of Living Organizations, New York 1981, S. 21

[33] I. Prigogine, Dialog mit der Natur, Neue Wege naturwissenschaftlichen Denkens, R. Piper, 1990, S. 270f

[34] C. Weber, Das Gedächtnis lügt, in Süddeutsche Zeitung Nr. 168, 24./25.7.2010

[35] E. Wolf-Gazo (Hrsg.), Whitehead, Alber Verlag, 1980, S. 73, zitiert aus Adventures of Ideas, S. 305

[36] A. Seidel (Hrsg.), Die Philosophie des Als Ob, Festschrift Hans Vaihinger, Scientia 1986, S. 50f

[37] E. Oeser, Evolution und Selbstkonstruktion des Bewußtseins, in G. Guttmann, G. Langer (Hrsg), Das Bewußtsein, Springer 1992, S. 36f

[38] J. Mittelstraß (Hrsg.), Enzyklopädie Philosophie und Wissenschaftstheorie, Band 1, J.B.Metzler 2004, S. 541, 601f

[39] M. Merlau-Ponty, Phänomenologie der Wahrnehmung, Berlin 1976

[40] Zitiert aus S. A. Döring, Gefühl und Vernunft, Spektrum der Wissenschaft, Serie Philosophie (TEIL 5) Emotionen, S. 64

[41] S. A. Döring, Gefühl und Vernunft, Spektrum der Wissenschaft, Serie Philosophie (TEIL 5) Emotionen, S. 64f

[42] A.N. Whitehead, Prozeß und Realität, Suhrkamp 1979, S. 163f

[43] F. Varela, Laying Down a Path in Walking, in Thomson (Hrsg) 1987, S. 59f

[44] H.R. Maturana, What is to see?, Arch. Biol. Med. 1983, Exp. 16, S. 255-269

[45] H.R. Maturana, What is to see?, Arch. Biol. Med. 1983, Exp. 16, S. 255-269

[46] Zitiert aus A. N. Whitehead, Prozeß und Realität, Suhrkamp 1979, S. 141

[47] A.N. Whitehead, Prozeß und Realität, Suhrkamp 1979, S. 311

[48] A.N. Whitehead, Prozeß und Realität, suhrkamp 1979, S. 213, 218, 223f

[49] A.N. Whitehead, Prozeß und Realität, suhrkamp 1979, S. 281f

[50] A. N. Whitehead, Prozeß und Realität, suhrkamp 1987, S. 97

[51] A. N. Whitehead, Prozeß und Realität, suhrkamp 1987, S. 98

[52] A. N. Whitehead, Prozeß und Realität, suhrkamp 1987, S. 306ff

[53] F. Nietzsche, Die fröhliche Wissenschaft, Insel 1982

[54] D. Baecker, Die Unterscheidung zwischen Kommunikation und Bewusstsein, in Emergenz: Die Entstehung von Ordnung, Organisation und Bedeutung, suhrkamp taschenbuch wissenschaft, 1992, S. 233

[55] G. Langer, 5,3 Milliarden (Human-)BewußtHeiten realisieren 1 (kosmisches) BewußtSein, in G. Guttmann, G. Langer (Hrsg.), Das Bewusstsein, Springer 1992, S. 72

[56] G. Langer, 5,3 Milliarden (Human-)BewußtHeiten realisieren 1 (kosmisches) BewußtSein, in G. Guttmann, G. Langer (Hrsg.), Das Bewusstsein, Springer 1992, S. 78

[57] G. Langer, 5,3 Milliarden (Human-)BewußtHeiten realisieren 1 (kosmisches) BewußtSein, in G. Guttmann, G. Langer (Hrsg.), Das Bewusstsein, Springer 1992, S. 79

[58] G. Langer, 5,3 Milliarden (Human-)BewußtHeiten realisieren 1 (kosmisches) BewußtSein, in G. Guttmann, G. Langer (Hrsg.), Das Bewusstsein, Springer 1992, S. 75f

[59] Ch. Sherrington, Körper und Geist. Der Mensch über seine Natur, Bremen 1964

[60] L. Wittgenstein, TRactatus logico-philosophicus, Logisch philosophische Abhandlungen, Frankfurt/Main, Suhrkamp 1963

[61] E. Oeser, Das Bewusstsein als Teil und Grenze der Welt, in G. Guttmann, G. Langer (Hrsg.), Das Bewusstsein, Springer 1992, S. 11f

[62] E. Pöppel, Gehirn und Bewusstsein, VCH 1989, S. 27f

[63] E. Pöppel, Gehirn und Bewusstsein, VCH 1989, S. 29f

[64] K. R. Popper. J. C. Eccles, Das Ich und sein Gehirn, Serie Piper, 1991, S. 30f

[65] K. R. Popper. J. C. Eccles, Das Ich und sein Gehirn, Serie Piper, 1991, S. 31

[66] E. Pöppel, Gehirn und Bewusstsein, VCH 1989, S. 30f

[67] H. Pietschmann, Exakte Wissenschaft und Bewusstsein, in G. Guttmann, G. Langer (Hrsg.), Das Bewusstsein, Springer 1992, S. 50

[68] W. James, The Principles of Psychology, Macmillan 1891, S. 284

[69] A. N. Whitehead, Prozeß und Realität, suhrkamp 1987, S. 444f

[70] M. Stadler, P. Kruse, Zur Emergenz psychischer Qualitäten, in W. Krohn, G. Küppers, (Hrsg), Emergenz: Die Entstehung von Ordnung, Organisation und Bedeutung, suhrkamp 1992, S.154

[71] M. Stadler, P. Kruse, Zur Emergenz psychischer Qualitäten, in W. Krohn, G. Küppers, (Hrsg), Emergenz: Die Entstehung von Ordnung, Organisation und Bedeutung, suhrkamp 1992, S.154f

[72] A.N. Whitehead, Prozeß und Realität, suhrkamp 1979, S. 70

[73] Die nachfolgenden 18 Punkte stammen aus E. Oeser, Das Bewusstsein als Teil und Grenze der Welt, in G. Guttmann, G. Langer (Hrsg.), Das Bewusstsein, Springer 1992, S. 22-26, 28f

[74] Die in diesem Abschnitt nachfolgenden, in Klammern „" gekennzeichneten Ausführungen stammen von G. Langer (Hrsg.), 5.3 Milliarden (Human-)BewußtHeiten realisieren 1 (kosmisches) BewußtSein, in Das Bewusstsein, Springer 1992, S. 65-117

[75] H. Pietschmann, Exakte Wissenschaft und Bewusstsein, in G. Guttmann, G. Langer (Hrsg.), Das Bewusstsein, Springer 1992, S. 55

[76] O. Prestel, Theorie der Planetenwellen, R.G. Fischer 1995, S. 151ff

[77] O. Prestel, Theorie der Planetenwellen, R.G. Fischer 1995, S. 481ff

[78] O. Prestel, Theorie der Planetenwellen, R.G. Fischer 1995, S. 513ff

[79] O. Prestel, Die Harmonie Deines Bauches, Planetenwellen und ihre Auswirkungen auf die Persönlichkeit, www.ottoprestel.com
[80] A. Jenkins und G. Perez in Spektrum der Wissenschaft Dosier 4/2011, S. 76
[81] H. Krauser, Die Frage steht im Weltraum, Süddeutsche Zeitung 20./21.9.1997
[82] Meine nachfolgenden Ausführungen gründen sich in den Begrifflichkeiten, nicht in Bedeutung und Sinn, auf die Ausführungen von E. Holze, studia leibnitiana, Sonderheft 20, S. 193f
[83] R. Riedl, Kultur – Spätzündung der Evolution?, Piper 1987, S. 213
[84] J. Mittelstraß (Hrsg.), Enzyklopädie Philosophie und Wissenschaftstheorie, Band 4, J.B. Metzler 2004, S. 228f
[85] R. Riedl, Kultur – Spätzündung der Evolution?, Piper 1987, S. 215
[86] M. Carrier, Die Kontrolle der Vorurteile, Spektrum der Wissenschaft, 02/2011, S. 70

www.ingramcontent.com/pod-product-compliance
Lightning Source LLC
Chambersburg PA
CBHW051813170526
45167CB00005B/2002